Unsere Welt – ein vernetztes System

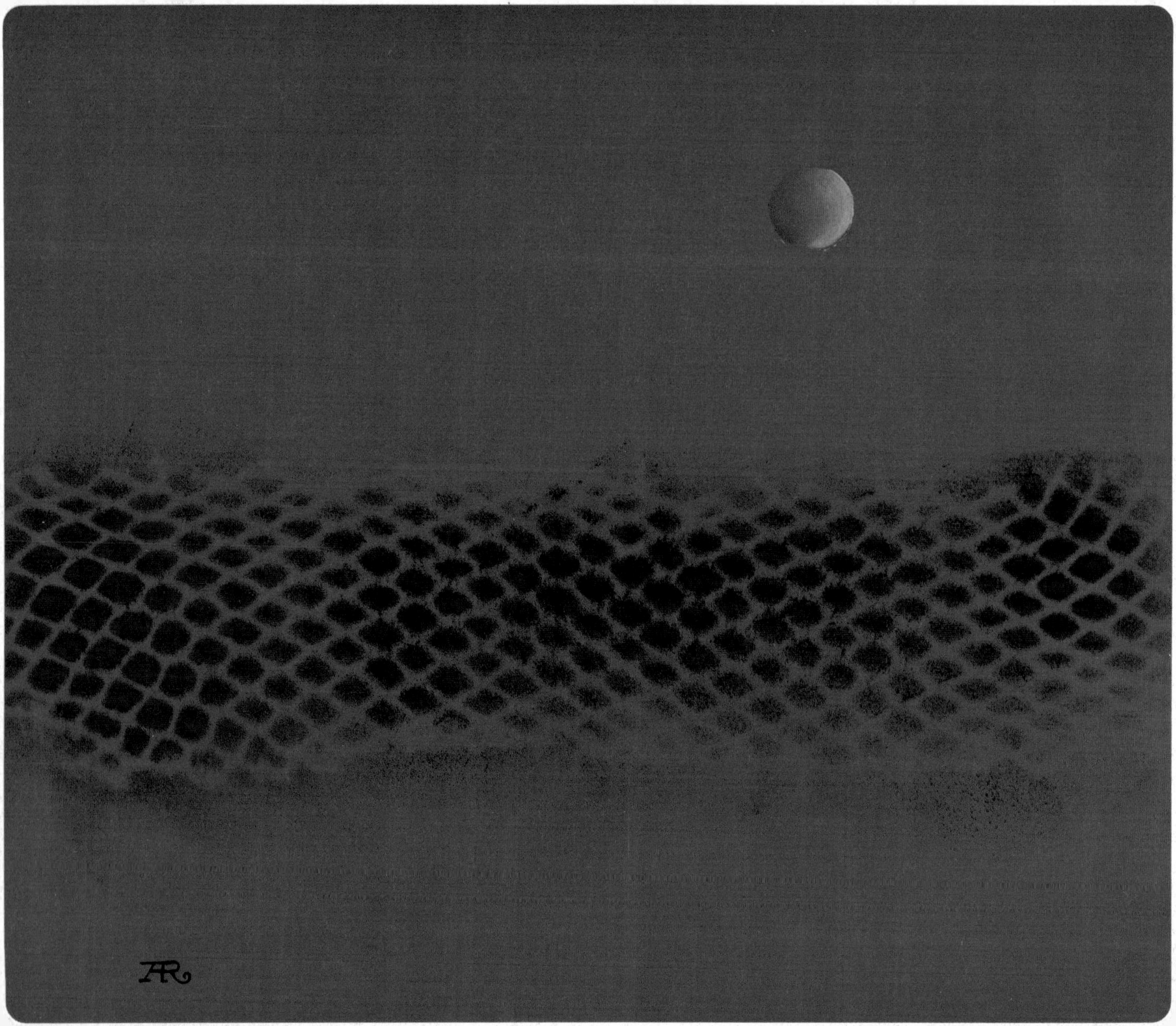

Unsere Welt - ein vernetztes System

Eine internationale Wanderausstellung
von Frederic Vester

Klett-Cotta

Bilder der Themengruppen und
Illustrationen:
Aiga Rasch, BDG, Stuttgart
Assistenz:
Angelica Guckes, Stuttgart

Grafik:
Herbert Kaulbarsch, BBK,
Assistenz:
Doris von Niebelschütz, Bargteheide

Layout:
Johannes Vester, München

Umschlag:
Johannes Vester/Norbert Büdinger,
München

Gesamtherstellung:
Ernst Klett, Stuttgart

1. Auflage 1978

Verlagsgemeinschaft Ernst Klett –
J. G. Cotta'sche Buchhandlung
Nachfolger GmbH

Printed in Germany
ISBN 3-12-989720-8

Unsere Welt – ein vernetztes System

Eine internationale Wanderausstellung von Frederic Vester.

Initiator:
Gottlieb Duttweiler-Institut,
Zürich-Rüschlikon

Realisator:
Studiengruppe für Biologie
und Umwelt, München

Träger:
Gottlieb Duttweiler-Institut,
Zürich-Rüschlikon
Stiftung Mittlere Technologie,
Kaiserslautern
WWF (World Wildlife Fund) Schweiz

Fragen betreffs Übernahme und Durchführung dieser Wanderausstellung bitten wir zu richten an:

Gottlieb-Duttweiler-Institut für
wirtschaftliche und soziale Studien
CH-8803 Rüschlikon/Zürich
Tel. 01 724 00 20, Telex 55699
Telegramme: Greenmeadow

Geleitwort

Alle Erkenntnisse der Wissenschaft, sämtliche Forderungen von Umweltorganisationen, alle Vorstöße einsichtiger Politiker müssen wirkungslos verpuffen, wenn es nicht gelingt, unser eindimensionales Denken zu verändern. Für das Überleben unserer Zivilisation ist es heute mehr denn je unerläßlich, zu einem neuen Denken zu kommen: dem Denken in Zusammenhängen, dem vernetzten Denken. Diese Veränderung in unserem Bewußtsein wiederum muß einhergehen mit einer Änderung der wirtschaftlichen Zielvorstellungen und Wertmaßstäbe unserer Gesellschaft.
Noch allzu viele von uns realisieren nicht, daß alles, was wir tun, Auswirkungen auf die Umwelt hat. Unter Umwelt verstehen wir nicht nur die Natur, d.h. Luft, Wasser, Grünfläche usw., sondern beispielsweise auch die Gemeinschaft, in der wir tätig sind, sei dies nun ein Unternehmen, eine Schule, eine Gemeinde, eine Region oder ein ganzer Staat, dann aber auch die Mitmenschen, die in irgendeiner Weise betroffen werden und schließlich auch die Nachwelt, also die kommenden Generationen, denen wir eine lebenswerte Welt hinterlassen sollten.

Noch immer wird aber z.B. der Erfolg unserer Wirtschaft ausschließlich mit Zahlen über Umsatz, Cash flow, Pro-Kopf-Leistung und Sozialprodukt gemessen und bewertet. Doch jedes Unternehmen ist Teil eines komplexen Systems. Kurzfristige wirtschaftliche Erfolge haben daher nur allzu oft verheerende Auswirkungen, die die ganze Gesellschaft und damit wiederum auch das Unternehmen selbst betreffen. Besonders allen Managern müßte daher verständlich werden, daß die ökonomischen Folgen ihres wirtschaftlichen Handelns meist viel weitreichender sind als die von den betrieblichen Kennziffern ausgewiesenen Ergebnisse. Die Wirtschaftskreise, die mit ihrem finanziellen Beitrag diese Ausstellung ermöglicht haben, zeigen bereits Weitsicht und lassen in dieser Hinsicht hoffen.

Ganz sicher werden Hunderttausende dank dieser von Frederic Vester und seiner Gruppe gestalteten und ausgeführten Schau neue Erkenntnisse über die Zusammenhänge unseres Lebens gewinnen. Und wer demokratisch denkt und fühlt, weiß, daß Veränderungen nie über Ideologien oder Zwang, sondern immer nur über die tiefere Einsicht möglich sind.

Wir sind glücklich, diese Ausstellung initiiert und an deren Gestaltung mitgearbeitet zu haben. Sie soll wirken!

Hans A. Pestalozzi

Leiter des
Gottlieb-Duttweiler-Instituts,
CH-8803 Rüschlikon/Zürich

Zu dieser Ausstellung

Der Anlaß

Angesichts unserer immer undurchsichtigeren Gesamtsituation, der sich zuspitzenden Energie- und Rohstofflage, der steigenden Soziallasten, der zunehmenden Umweltprobleme, aber auch solcher der persönlichen Lebensführung erscheint eine Öffnung des Bewußtseins in Richtung eines besseren Verständnisses von Systemzusammenhängen von eminenter Bedeutung. Um Lösungen für die dringenden Probleme zu finden, hat die UNESCO mit ihrem Programm „Man and the Biosphere" eine weltweite Initiative ergriffen. In diesem Rahmen erteilte der deutsche Bundesminister des Innern der Münchner Studiengruppe für Biologie und Umwelt (sbu) in Zusammenarbeit mit der Regionalen Planungsgemeinschaft Untermain den Auftrag für die Systemstudie „Ballungsgebiete in der Krise".
Durch diese Studie wiederum wurde das Gottlieb-Duttweiler-Institut (GDI) in Zürich-Rüschlikon angeregt, eine Wanderausstellung zu initiieren, deren geistiger Hintergrund das Verstehen von Systemzusammenhängen sein soll.

Der Zweck

Der Inhalt dieser Ausstellung geht aus der Gesamtarbeit der sbu unter der Leitung des Autors hervor, der bereits in früheren Publikationen aufgezeigt hat, daß wir gerade durch das Erkennen der Grundregeln vernetzter Systeme unsere Hilflosigkeit gegenüber einer aus der Hand gleitenden Situation überwinden können. Die dazu nötige Information einem großen Publikum nahezubringen wird immer dringender. In diesem Sinne soll die Ausstellung einen konkreten Beitrag zur Bewältigung unserer Zukunft leisten.
Sie hat sich zur Aufgabe gestellt, die Steuerung von Systemen in der Natur und durch den Menschen und die Grundlagen vernetzter Vorgänge auf erlebbare Weise so nahezubringen, daß dies zu einer Erweiterung bzw. Änderung des Bewußtseins vieler Menschen beitragen kann. Gleichzeitig soll sie als Anregung für Multiplikatoren wie Presse, Rundfunk, Fernsehen und Unterrichtsgestaltung bis hinein ins Berufsleben dienen.

Die Gestaltung

In ihren 8 Themenkreisen zeigt die Ausstellung, zu 8 harmonischen Farbräumen gruppiert, dem Publikum die Abläufe in lebenden und nichtlebenden Systemen. Sie ist offen, d. h. von allen Seiten frei zugänglich, und der Einstieg in das Thema ist an jeder Stelle ohne jede Vorinformation möglich.
Ein besonderes Augenmerk gilt dem bleibenden Lerneffekt, d. h. der didaktischen Seite der Ausstellung. Schon ihre äußere Gestaltung richtet sich deshalb nach den in der Studiengruppe des Autors erarbeiteten lernbiologischen Erkenntnissen. So können die Ausstellungsmodelle und ihre Aussage vom Besucher über verschiedene Eingangskanäle: durch Sehen, Lesen, Hören, Bewegen oder Spielen erlebt und selbst erfahren werden. Dies soll helfen, ein tieferes Verständnis zu wecken, soll faszinieren, aktivieren, zur weiteren Diskussion und inneren Verarbeitung anregen.
Um der Geschlossenheit der Thematik bei aller Verschiedenheit der Exponate weiteren Ausdruck zu geben, wurde das Trägersystem in einem biologischen Grunddesign gestaltet: aus Holz mit durchscheinender Maserung, schwingenden Oberkanten und Torbögen als „belebende" Elemente. Gleichzeitig wurde, um ein auflockerndes Markenzeichen einzuführen, die Figur eines „Systemgeistes" geschaffen, der den Besucher durch diesen „Systemgarten" begleitet, ihm ergänzende Tips zu den Exponaten gibt und auf besondere Zusammenhänge hinweist.

Die Sache mit der Wüstenschnecke

An dem Institut für Wüstenforschung der Universität Bersheba, das ich im November 1977 auf einer Vortragsreise durch Israel mit meiner Frau besuchte, erlebte ich noch am letzten Tag den Höhepunkt meines dortigen Aufenthaltes. Dieses Institut, inmitten der Wüste Negev gelegen und noch von Ben Gurion selbst ganz in der Nähe seines Kibbuz Sde Boqer gegründet, ist inzwischen zu einem riesigen Campus mit vielen Einzelinstituten angewachsen: ein Forschungszentrum wie viele andere auf der Welt. Und doch hat es etwas Einmaliges aufzuweisen: Man hat es gewagt, die voruniversitäre Erziehung in die wissenschaftliche Arbeit mit einzubeziehen und 1976 eine „Experimental Environmental Highschool" (ein experimentelles Umwelt-Gymnasium) gegründet, an der mich vor allem ein 10tägiger Kursus für Schüler aus allen Teilen des Landes in Begeisterung versetzte.

Man fand, daß sich das relativ einfache Ökosystem der Wüste in direkt idealer Weise dafür eignete, den Schülern die sonst so kompliziert scheinenden biokybernetischen Gesetze lebender Systeme beizubringen. Denn diese Gesetzmäßigkeiten sind überall die gleichen – unabhängig von der Kompliziertheit des betrachteten Systems. Sie gelten für die Wüste ebenso wie für unsere hochindustrialisierten und und dichtbesiedelten Ballungsräume.

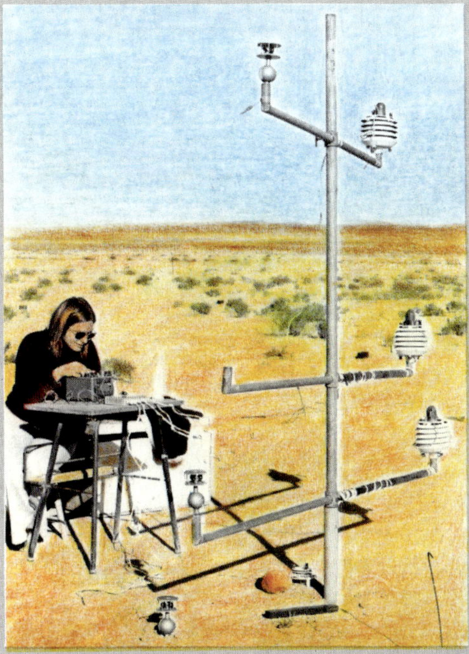

Eine der einfachen, aber klug verwendeten Meßstationen zur Erfassung der Wüstenkybernetik.

Die Schüler, die im Rahmen dieses Programms, das sich „Integrated Environmental Education" nennt, in den Negev kommen, scheinen zunächst mit einer toten Landschaft konfrontiert. Was sie als erstes sehen, sind ein paar kleine verdorrte Büsche, immerhin ein erstes Zeichen von Leben. Schauen sie noch genauer hin, so entdecken sie darunter kleine weiße Schneckenhäuser. Dies, so lernen sie bald, sind jedoch nur die ersten ins Auge fallenden Glieder eines ausgeklügelten Ökosystems. Denn auch in den allerprimitivsten Lebensräumen wie in einer Wüstenlandschaft liegen die Dinge nicht einfach so herum, sondern – sobald Leben im Spiel ist – sind auch sie bereits zu einem komplexen System vernetzt – sowohl miteinander wie auch mit der Umwelt, dem Luftsauerstoff, dem Wasser, dem Boden. Eine Vernetzung, die sich als der große Trick der lebenden Natur entpuppt, mit dem sie mehrere Milliarden Jahre und zeitweise extreme Bedingungen überdauert hat.

Die Schüler messen Temperatur und Feuchtigkeit und errechnen die Biomasse der verdorrten Büsche. Sie zählen und markieren die Schnecken, wobei ihnen sofort zahllose wurmartige Häufchen auffallen. Diese, zerreibt man sie zwischen den Fingern, stellen sich als bloßer Sand heraus, der offenbar durch den Schneckenkörper gewandert ist.

Die Schnecken, die sich von einer bei Feuchtigkeit auf dem feinen Sand wachsenden unsichtbaren Algenschicht ernähren, melken sozusagen den Sand beim Durchgang durch den Körper und entlassen ihn in dieser geringelten Form. Und schon findet sich eine weitere Stufe der Vernetzung: Als Nebeneffekt kommt eine ständige Lockerung der Sandoberfläche zustande.

Mit alldem hat für die Schüler längst

Wüstenschnecke (Sphincterochila boissieri) mit „gemolkenem“ Sandhäufchen.

ein regelrechtes Abenteuer angefangen. Die Lehrer sind klug genug, um sie jedes weitere Glied dieses aufeinander eingespielten Systems weitgehend selber erforschen zu lassen: die toten Schnecken, die durch Zersetzerorganismen in Humus und Mineralien für die Büsche verwandelt werden; die verholzten Büsche, die wiederum kleinen Wüstenasseln als Nahrung dienen. Die Asseln, die unter Einsatz ihrer aus gut 80 Mitgliedern bestehenden Großfamilien 50 cm tiefe Löcher in den Boden bohren und dabei den dort immer etwas feuchteren Sand durch sich hindurchschleusen (wobei sie gleichzeitig trinken, essen, arbeiten und verdauen), und der Boden, der dadurch eine gute Durchlüftung wie auch eine Struktur- und Nährstoffverbesserung erfährt, ohne die wiederum die Pflanzen, von denen die Wüstenasseln leben, überhaupt nicht existieren könnten. Die Bohrleistung dieser kleinen Lebewesen ist übrigens so enorm, daß alle 25000 Jahre der gesamte Negev bis zu einer Tiefe von einem halben Meter einmal durch ihren Körper hindurchgeht. Von diesen Asseln leben nun wiederum kleine Skorpione, die ebenfalls Löcher bohren, diese jedoch seitwärts, nicht in die Tiefe. Sie sorgen für eine wieder andere Durchlüftung und liefern wieder andere Humusstoffe und auch wieder andere Möglichkeiten, die Mineralien des Wüstensandes aufzuschließen.

Soviel zu einigen Mitgliedern dieses Systems, welches unter extremen Streßbedingungen lebt und doch äußerst stabil ist. Werden z.B. die Schnecken zu zahlreich, wie in manchen Jahren, und ist die Erhaltung ihrer Art wegen Nahrungsmangels bedroht, so scheint sich dies in der Vogelwelt herumzusprechen, und plötzlich fallen Tausende von Vögeln in dieses Gebiet ein. Die in ihren Häusern verkrochenen Schnecken sind zunächst vor Ihnen sicher, doch bald findet man zerbrochene Schneckenhäuser. Sie sind um die wenigen Steine in diesem Wüstengebiet gruppiert. Die Vögel benutzen sie als Amboß und schlagen die Schneckenhäuser

Von Vögeln auf einem Stein zerschlagene Schneckenhäuser.

darauf kaputt. Doch nicht lange, so verschwindet der ganze Spuk. Die Schneckenpopulation hat wieder ein normales Maß erreicht, und unsere „Algenstripper“ finden wieder genügend Nahrung.
Die Schüler merken bei ihrer Entdeckungsfahrt, daß hier jedes Glied wichtig ist und man keines entfernen kann, ohne das Gesamtgefüge ernstlich zu stören. Und damit fängt das eigentlich ökologische, das vernetzte Denken an. Aus ihren Daten und Beobachtungen zeichnen die Schüler ein kybernetisches Modell von der Realität. Daraus erkennen sie die Organisation des Systemgefüges und, z.B., daß wirklich nutzbringende Eingriffe in das Gefüge immer nur solche sein können, die dem Systemcharakter Rechnung tragen.

Überraschend war dabei, daß sie trotz vieler fehlender Glieder bereits von Anfang an ein zutreffendes, wenn auch grobes Gesamtbild des in Wirklichkeit natürlich noch weit komplexeren Wüstenorganismus erhielten; ein Bild, das anhand dieses Modells wieder sehr einfach zu verstehen war. Sie stellten weiter fest – und das hatte auch die Wüstenforscher überrascht –, daß bereits wenige Messungen und Beobachtungen genügen, um die Kybernetik, die Steuerfunktionen dieses Systems richtig zu erfassen. Interessanterweise genügte es sogar noch – das zeigte sich an mehreren hundert getrennten Untersuchungen –, wenn man sich in den Messungen bis um 30–40% verschätzte. Ein aufregendes Ergebnis, welches unsere eigenen Hypothesen über komplexe Systeme und wie man sie erfassen kann, voll bestätigte.

So hatte ich die große Freude zu erleben, wie das Thema, mit dem ich mich in den letzten zwei Jahren besonders intensiv beschäftigte, nämlich die biokybernetische Systembetrachtung, dort, in der Realität der umgebenden Wüstenökologie, zu einem konkreten Arbeitsinstrument geworden war. Eigentlich müßte jeder Mensch diesen 10-Tage-Kursus machen. Denn ich kenne nichts, was einem auf anschaulichere Art und Weise die Vernetzungen eines lebendigen Systems näherbringt.

Der Ökosystemforscher Moshe Shachak erklärt dem Verfasser (rechts) die Funktion der Wüstenassel (Hemilepistus reaumuri). Im Hintergrund Zev Naveh, der Leiter des „Integrated Environmental Education Project" mit Assistentin.

Und solche neuen Arbeitsinstrumente brauchen wir dringend. Wir brauchen Übungs- und Erkenntnisfelder für vernetztes Denken. Warum brauchen wir sie? Unsere Welt gerät aus den Fugen, weil wir sie nicht mehr verstehen. Wir haben in dieses große, funktionierende System der Biosphäre eine Reihe künstlicher Systeme gesetzt, ohne uns darum zu kümmern, ob diese Systeme selbst überlebensfähig sind, ob sie mit den übrigen zu einer funktionierenden Einheit verbunden werden können, ja, vor allem wissen wir meist noch gar nicht, daß wir es überhaupt mit Systemen und ihren lebendigen Gesetzmäßigkeiten zu tun haben.

So kommt es, daß wir uns durch unbekümmerte Eingriffe in das Geschehen um uns herum den Boden unter den Füßen wegziehen, uns selbst immer mehr das Wasser abgraben und in kurzsichtigem Größenwahn eine Seifenblase nach der anderen zum Platzen bringen. Unbekümmert holzen wir riesige Urwälder ab, verändern Klima und Bodenstruktur, bis schließlich auch davon kein Nutzen mehr bleibt. Wir manövrieren uns in eine unverantwortliche Energiepolitik hinein, die Arbeitsplätze durch Strom ersetzt und die uns in wenigen Jahren unfähig machen wird, uns neuen Situationen anzupassen, ja unfähig, die dann nötigen energiesparenden Technologien überhaupt noch zu entwickeln. Wir machen uns abhängig von unwiederbringlichen Rohstoffen und werfen sie gleichzeitig in immer rascherer Folge auf den Müll, verändern willkürlich Landschaften mit dem Erfolg katastrophaler Erosionen, zerstören so profitable Gleichgewichte wie die Selbstreinigungskraft unserer Gewässer und vernichten Vögel und Insekten, obgleich die Arbeit, die sie in einem funktionierenden Gleichgewicht leisten, uns Milliarden sparen könnte.

Ebensowenig wie unsere Städte und Landschaften sehen wir auch den Menschen als System. Die Medizin und Psychologie steuert in ein kopfloses Reparaturdienstverhalten hinein, statt sich für das einzig Profitable, nämlich für die Krankheits*verhütung* einzusetzen. Und mit steigendem Streß und steigender Umweltvergiftung, mit einer Lebensweise, die immer hektischer und immer motorisierter wird, steigen unsere Krankenzahlen und damit die Soziallasten in schwindelnde Höhen.

Die Grundlage für dies alles liegt nicht zuletzt darin, wie uns unsere Schulen und Universitäten die Welt präsentieren: als Sammelsurium getrennter Elemente und nicht als das, was sie ist, nämlich als ein großes vernetztes System. Ein System, dessen Gesetzmäßigkeiten uns vorenthalten werden, weil sein Wechselspiel die Fachdisziplinen überschreitet und deshalb in unseren Hörsälen und Forschungsstätten keinen Platz findet. Wir manövrieren von Tag zu Tag stärker an einem Systemkomplex herum, den wir weniger denn je verstehen. Aber wir können nicht einfach den lieben Gott spielen, ohne nicht auch etwas von seinen Regeln zu kennen.

So kommt es, daß auch die in einem vernetzten Denken wurzelnde kybernetische Technik noch so ganz in den Anfängen steckt und daß wir uns immer noch mit jenen veralteten unkybernetischen Techniken herumquälen müssen, zu denen letztlich z.B. auch die Kernenergie zählt. Techniken, die mit enormem Energieaufwand, mit ebenso enormen Energieverlusten und einer primitiven Organisation funktionieren und die für das, was sie leisten, einen viel zu hohen Input an Material, Energie, Sicherheit und Rohstoffen verlangen und einen viel zu hohen Output an Abfällen, Abwärme, Streß und Umweltschäden ergeben.

Und so kommt es auch, daß wir kaum Techniken im Verbund haben, kaum Symbiosen, kaum Recycling, Mehrfachnutzung und andere Arbeitsformen der mittleren Technologie, wie sie einer Art „Ökosystemen der Wirtschaft" zukämen. So kommt es, daß wir nicht wissen, wo zentralistisch und wo mit Unterstrukturen, wo mit Feedback-Hierarchie und wo mit Selbstregulation zu organisieren ist, daß wir nicht wissen, wo und warum wir Regelkreise oder selbststeuernde Rückkoppelungen aufbrechen, plötzlich an unerwartete Grenzwerte stoßen oder mit unseren Planungen Schiffbruch erleiden.

Denn wir kennen die Dinge, mit denen wir zu tun haben: die Straßen, Häuser, Fabriken, Rohstoffe, Wälder – und natürlich auch uns selbst, immer nur als Straßen, Häuser, Fabriken, Rohstoffe, Wälder und Menschen, aber nicht in ihrer kybernetischen Funktion, nicht in ihrer jeweiligen Rolle in jenem großen vernetzten System, das unsere Welt darstellt: als Regler, Stellglied, Meßfühler, Stauglied usw. Geschweige denn kennen wir den kybernetischen Charakter des aus diesen Teilen gebildeten jeweiligen Systems: seine Stabilisierungstendenz, seine Störanfälligkeit, sein Fließgleichgewicht, seine Außen- und Innenabhängigkeiten, die Verschachtelung seiner Regelkreise oder seine Diversität.

Bereits seit geraumer Zeit wird von den Vernünftigen dieser Welt ein Umdenken gefordert. Etwa, daß wir mit unseren Rohstoffen sparsamer umgehen, den Konsum nicht in schwindelnde Höhen treiben, unsere Gewässer, Landschaften und Tiere schützen sollten. Doch mit zunehmender Dichte und zunehmender Vernetzung wird all das die eigentlichen Probleme nicht lösen. Wir brauchen mehr: Wir brauchen ein Denken in einer neuen Dimension. Wir brauchen eine Abkehr von dem simplen Ursache-Wirkungs-Denken der Vergangenheit, das sich nur an Einzelproblemen orientiert, aber dafür eine Hinwendung zu einem Denken in größeren Zusammenhängen – und damit zu einem Verständnis der komplexen Systeme, aus denen unsere Welt besteht.

Ein Denken, nach dem wir auch handeln können.

Dieses „kybernetische“ Denken muß geübt werden wie alles Neue, was wir lernen. Ein solches Denken von unseren Entscheidungsträgern zu fordern kann, wie jeder weiß, erst dann wirklich Erfolg haben, wenn es bereits in das Bewußtsein jedes Bürgers einzudringen beginnt. Und genau aus diesem Grunde wurde auch diese Ausstellung konzipiert: als Vorhaben, das – ähnlich wie die „System-Schule“ im Negev – vor allem ein solches Übungs- und Erkenntnisfeld für jene neue Art zu denken darstellen soll.

GESTATTEN – ICH BIN DER SYSTEMGEIST...

Ich begleite Sie unbemerkt durch dieses Buch. Wie in der Ausstellung lasse ich mich gelegentlich auch mal blicken. Meine unpassenden Bemerkungen und Tips weisen Sie dann auf ganz besonders vernetzte Vernetzungen hin.

Tschüss – bis dann!

Die Exponate

Themengruppe A:

Was ist ein System?

In diesem ersten Themenbereich wird der Besucher an die Tatsache herangeführt, daß komplexe Systeme grundsätzlich etwas anderes sind als ein bloßes Nebeneinander unzusammenhängender Teile. Denn jedes Glied eines Systems steht mit jedem anderen in Wechselwirkung. Wie beim Aufbau eines Zirkus wird man, ohne diese Beziehungen zu kennen, das System nicht verstehen, geschweige denn gestalten können.

Die Grundphänomene und Gesetze vernetzter Systeme, die von den kleinsten Mikrodimensionen bis hinauf in den Kosmos immer wiederkehren, erfährt der Besucher hier von den unterschiedlichsten Seiten. Während alle anderen Themengruppen einer bestimmten Farbe zugeordnet sind – auch die Exponatwände sind zu einem blauen, einem grünen, einem gelben Raum zusammengestellt –, ist das bei diesen Exponaten nicht der Fall. Da es sich hier um in jedem Bereich wiederkehrende Grundfragen handelt, ziehen sich die Exponate 1 bis 4 mit ihren insgesamt 30 Wandteilen durch die ganze Ausstellung und sind Gast mal dieser, mal jener anderen Themengruppe.

System oder
nicht System?
Was ist ein System?
Die Welt im
Finge
1

System oder nicht System?

Thema: Elemente und Strukturen

In der lebendigen Welt ist die Frage „System oder nicht System?“ fast gleichbedeutend mit „Sein oder Nichtsein“. Über das, was ein System ist, existieren jedoch im allgemeinen die unterschiedlichsten Vorstellungen. In diesem sich mit 13 verschiedenen Foto- und Bildtafeln quer durch die Ausstellung ziehenden Exponat erfährt der Besucher an unterschiedlichen Beispielen von Systemen und Nichtsystemen die grundsätzlichen Eigenschaften eines vernetzten Systems.

Exponat 1

System oder nicht System?

Thema:
Elemente und Strukturen

Themengruppe A:
Was ist ein System?

Sponsor:
Siemens AG, München

1

System oder nicht System?

Ein Haufen Sand ist kein System. Man kann Teile davon vertauschen, kann eine Handvoll wegnehmen oder hinzutun, es bleibt immer ein Haufen Sand. Mit einem System ist dies nicht möglich, ohne daß es seine Individualität ändert oder gar zugrunde geht.

Eine Blume ist ein solches System. Denn die wichtigste Eigenschaft eines Systems ist, daß es aus mehreren verschiedenen Teilen besteht. Das ist jedoch bei vielen Dingen der Fall. Zum Beispiel bei einer Schüssel Müsli. Dennoch ist ein Müsli wieder kein System, denn es fehlt Struktur und Ordnung, von der Organisation ganz zu schweigen.

Die zweite wichtige Eigenschaft eines Systems ist also, daß seine Teile nicht wahllos nebeneinanderliegen, sondern zu einem bestimmten Aufbau vernetzt sind. Dadurch verhält sich ein System völlig anders als seine Teile. Es wird zu einem neuen Ganzen.

ein Haufen Sand...
ein Müsli ...
eine Blume ...

Eine Fabrik ist ein System. Obgleich ein künstliches und kein biologisches System, unterliegt es den gleichen Gesetzen von Organisation, Wandelbarkeit und Stabilität.

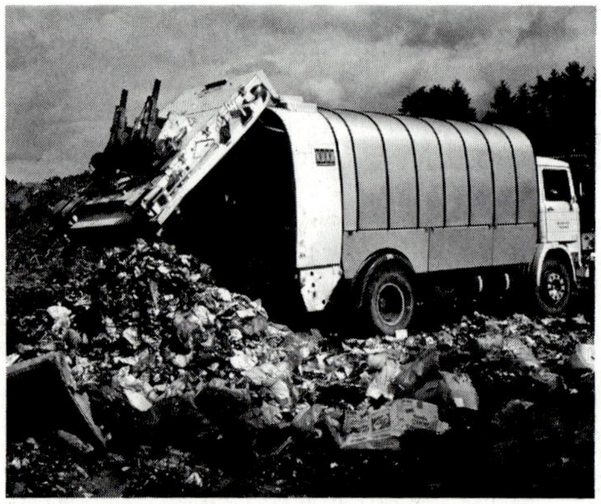

Eine Müllkippe ist kein System. Denn man kann sie auseinandernehmen, vergrößern oder umverteilen, es bleibt eine Müllkippe. Auch ihr fehlt die innere vernetzte Struktur.

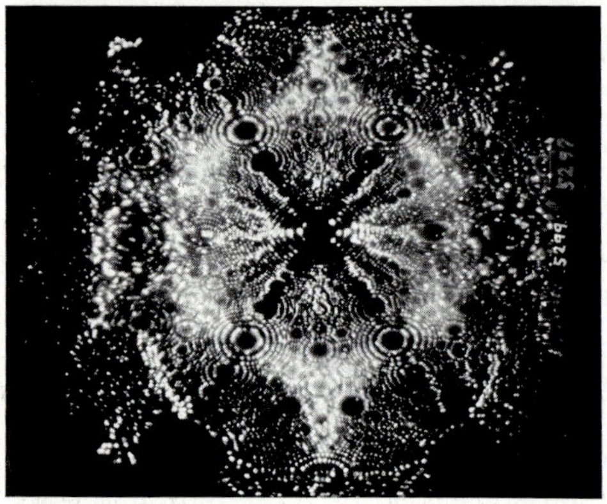

Ein Atom ist ein System. Sogar ein sich selbst erhaltendes dynamisches System. In ihm sind die Elementarteilchen nicht zufällig zusammengewürfelt, sondern zu einem geordneten Wirkungsgefüge organisiert.

Wenn mehrere vorher getrennte Systeme in enge Beziehung treten, kann daraus ein neues, übergeordnetes System entstehen.

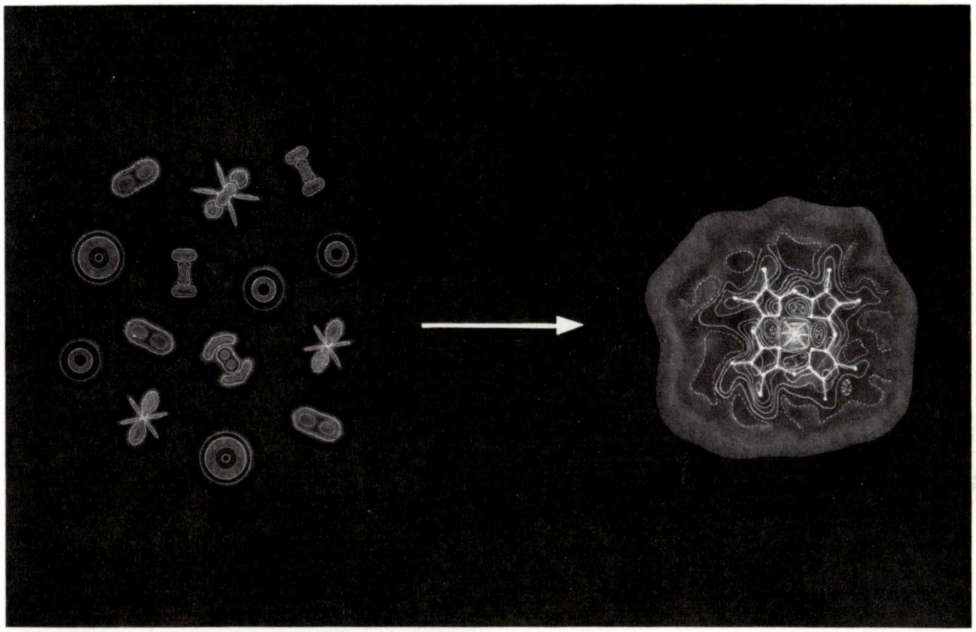

Aus Atomen entsteht so z.B. ein Molekül, aus Zellen ein Organ, aus Tieren, Pflanzen und Mikroben ein Ökosystem.

Dies muß aber nicht so sein.

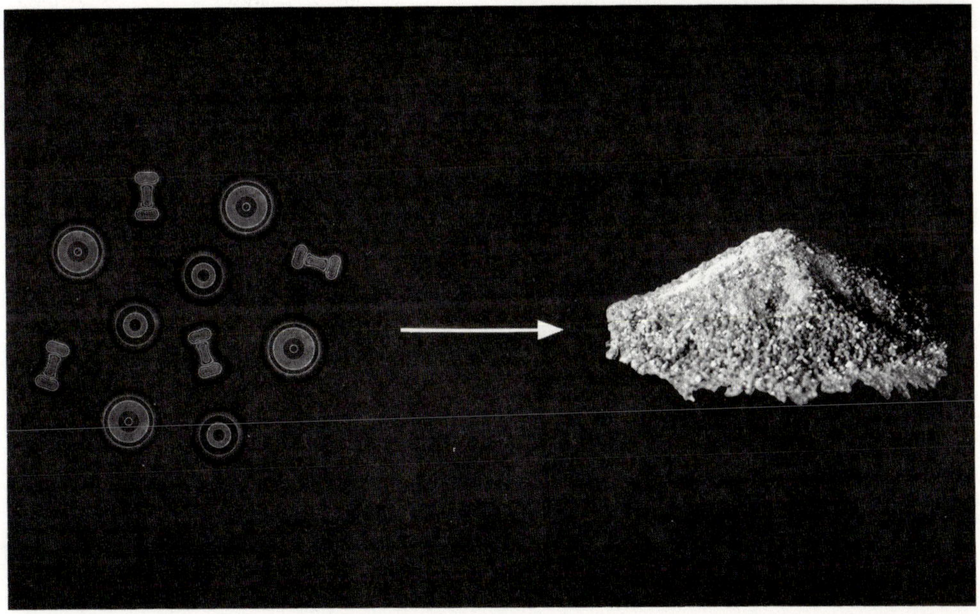

So sind die einzelnen Atome eines Sandhaufens, jedes für sich gesehen, ein System. Zusammengenommen sind sie jedoch wieder nichts anderes als ein Haufen Sand ohne jede Organisation.

1

Eine Biene?

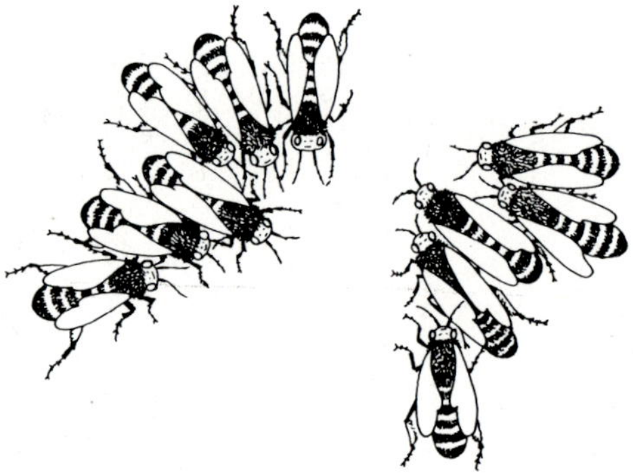

Viele Bienen?

Ein Bienenvolk?

Ein Huhn?

Viele Hühner?

Ein Hühnerhof?

Wenn viele kleine Systeme zusammenkommen, können sie entweder ein bloßes Nebeneinander, eine „Menge“ bilden oder aber auch ein neues größeres System; in den obigen Beispielen ein soziales System.

Wenn etwas zum System geworden ist, verhält es sich jedoch völlig anders als vorher seine Teile, es bekommt gänzlich neue Eigenschaften.

Es gibt vorübergehende Systeme, die künstlich entstanden sind und künstlich erhalten werden,...

... und es gibt dauerhafte Systeme, die organisch entstanden sind und sich ohne künstliche Eingriffe selbst erhalten.

1

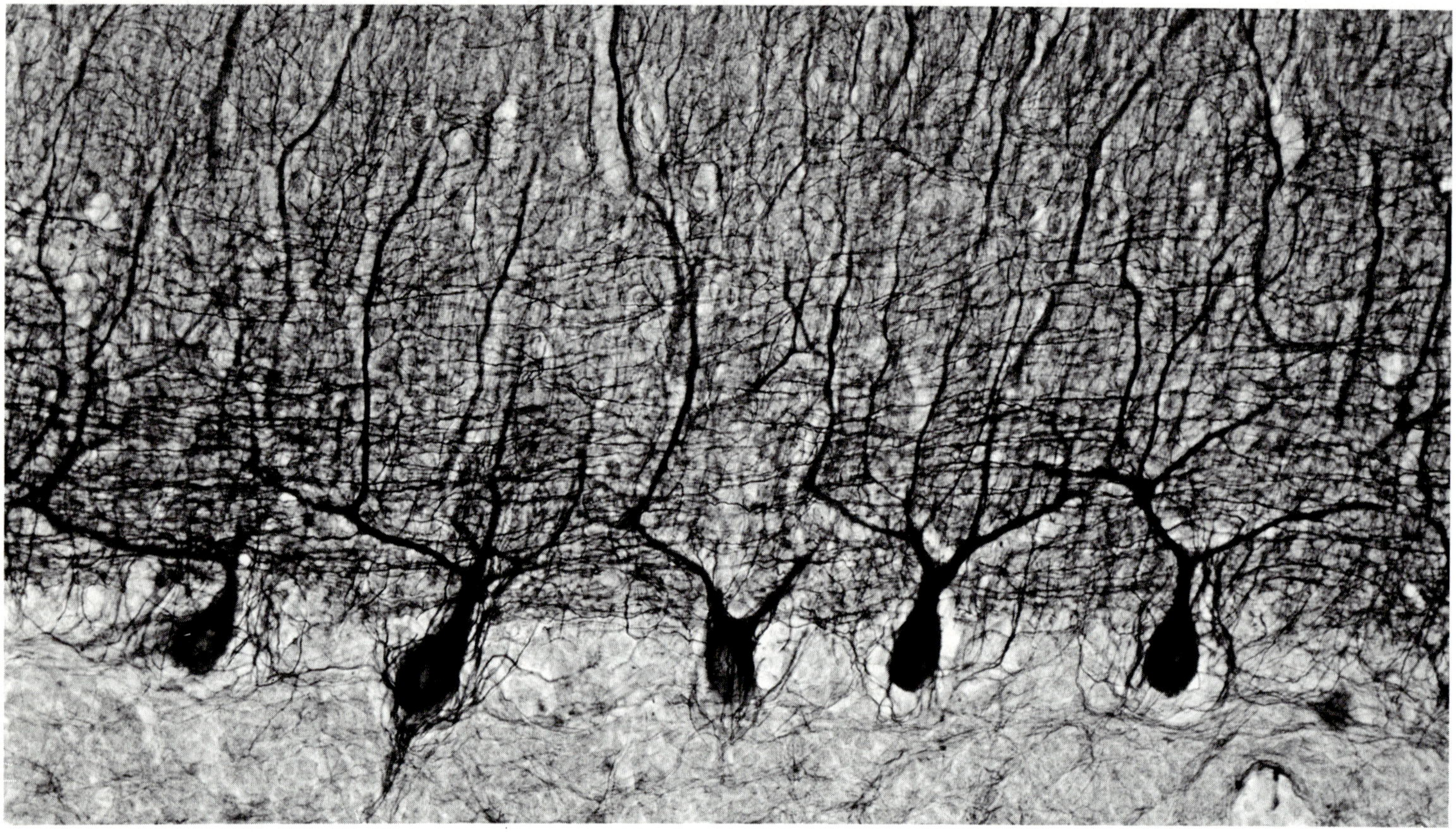

Ein System ist immer ein Ganzes. Und das Ganze ist *mehr* als die Summe seiner Teile. Das „Mehr" ist die Struktur, die Organisation, das Netz der Wechselwirkungen.

Wir kennen zwei Sorten von Systemen: statische und dynamische. Die statischen, starren Systeme sind immer von Menschen erdachte theoretische Systeme: Dokumentationssysteme, Klassifizierungssysteme, Ordnungssysteme, mathematische Systeme etc.

Die Systeme der Realität, aus denen unsere Welt besteht, sind die dynamischen.

Purkinje-Zellen des Kleinhirns mit ihren Verzweigungen. Vergrößerung 400mal.

Dynamische Systeme tragen sozusagen das Programm zu ihrer eigenen Veränderung in sich. Sie sind eine Gesamtheit verschiedener Einheiten in Wechselwirkung, ein Wirkungsgefüge.

Damit bekommt ein solches System den Charakter einer lebendigen Individualität, die durch innere und äußere Kommunikation, durch einen Informationsfluß zu einer dynamischen Struktur organisiert ist.

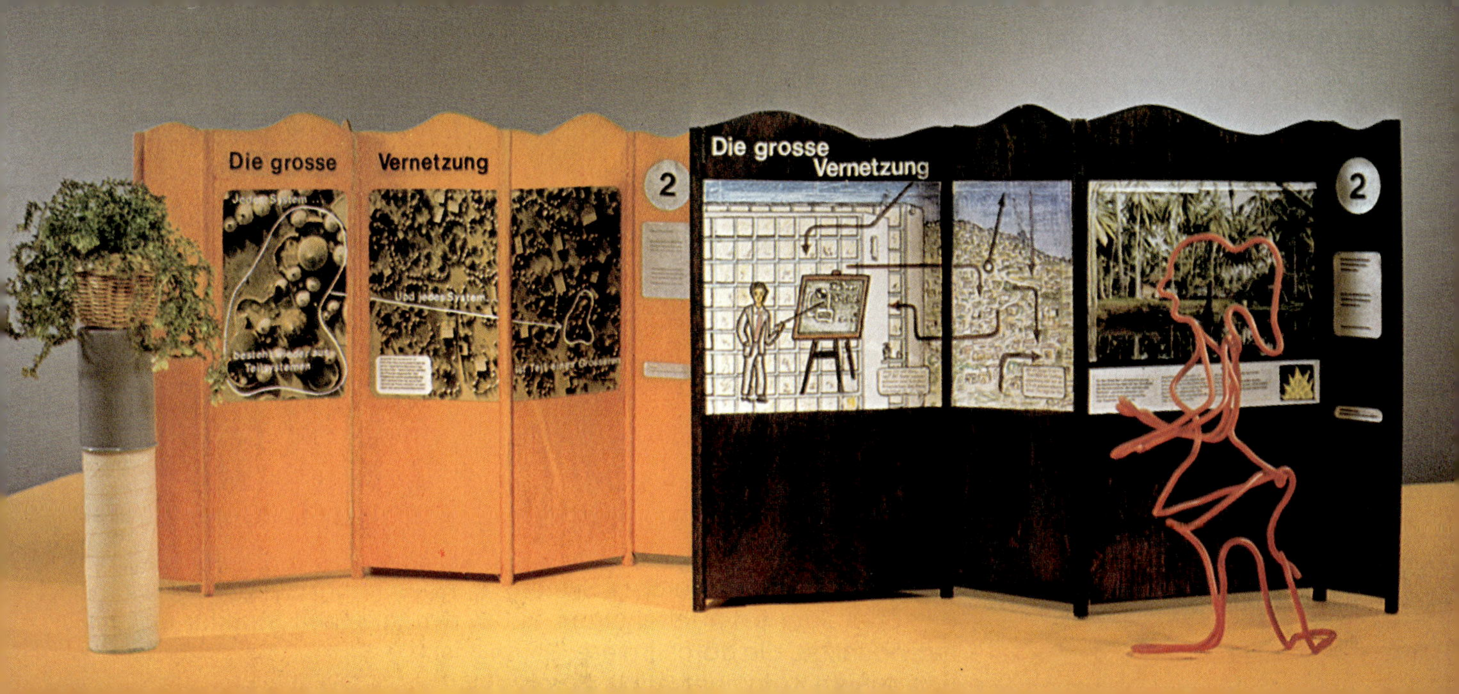
Die grosse
Vernetzung
2
Und jedes System
Die grosse
Vernetzung
2

Die große Vernetzung

Thema: Organisierte Gefüge

Vielfach haftet dem Systembegriff der Geruch der grauen Theorie an. Das „Starre“, das „Systematische“ dieses Wortes stammt in der Tat aus erdachten Bildern, aus der Abstraktion. Dieses Exponat mit seinen 13 Foto- und Bildmontagen soll zeigen, daß die Systeme der Wirklichkeit im Gegenteil etwas höchst Lebendiges, Dynamisches sind; daß sie zudem, wie alles Fließende, niemals abgeschlossene Einheiten, sondern mit Unter- und Obersystemen zu einem schillernden Wirkungsgefüge verflochten sind, dessen intelligente Organisation das eigentlich Geheimnisvolle der großen Vernetzung ist.

Exponat 2

Die große Vernetzung

Thema:
Organisierte Gefüge

Themengruppe A:
Was ist ein System?

Sponsor:
KKB Kundenkreditbank – Deutsche Haushaltsbank, Düsseldorf

2

Unsere Welt –
ein vernetztes System!

Vernetzt womit?

...MIT DER SONNE

...MIT KLEINEN RAUPEN

...MIT WÄLDERN UND PFLANZEN

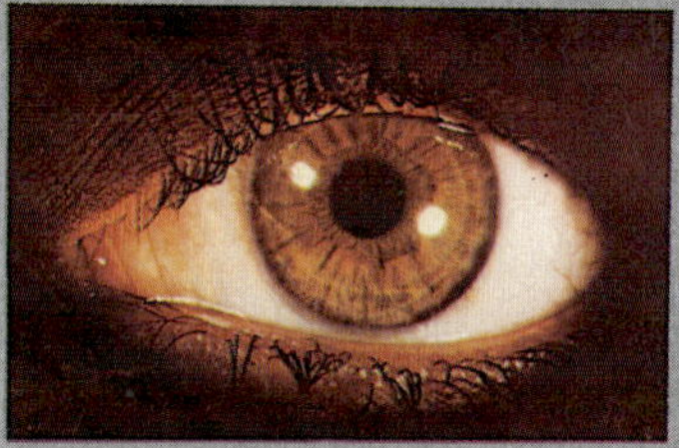

...MIT UNSERER SEELE

...MIT HÄUSERN UND STÄDTEN

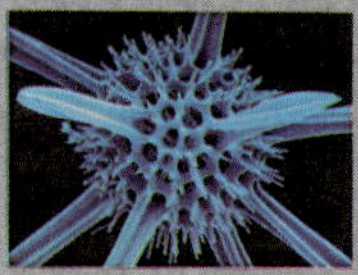

...UND – UND – UND

2

Es gibt keine abgeschlossenen Systeme

In der Realität sind alle Systeme offen – mit anderen vernetzt.

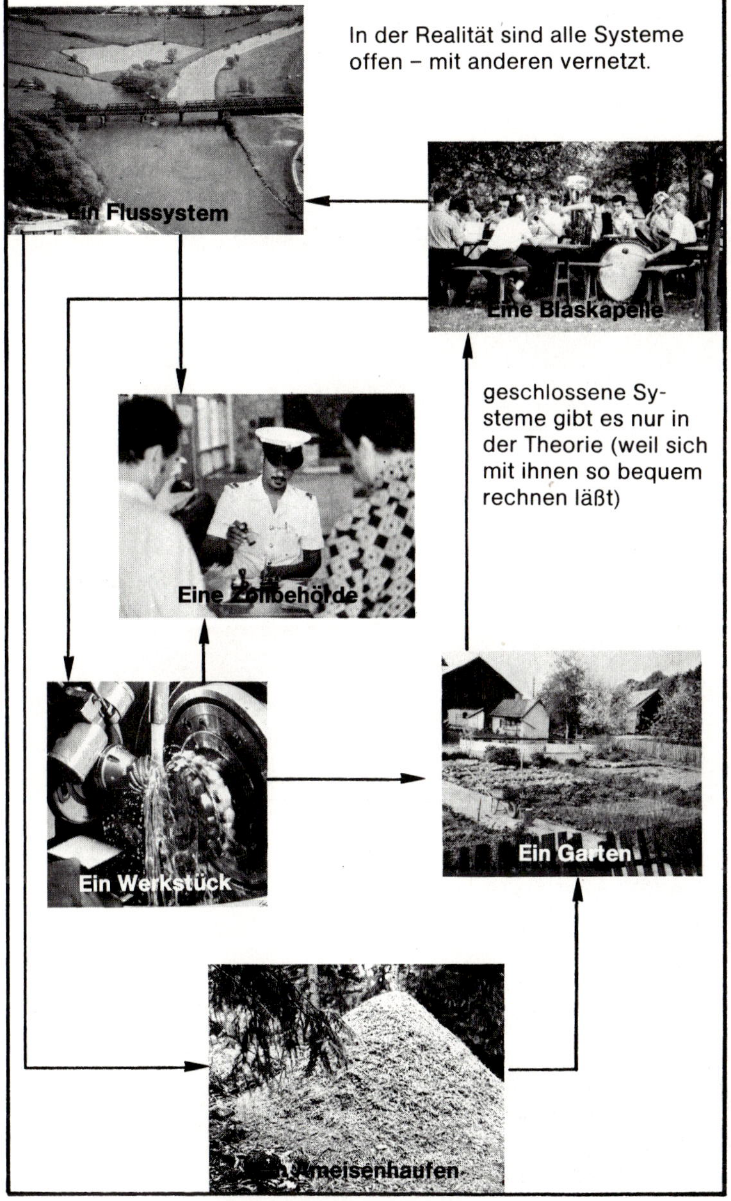

Flussystem
Eine Blaskapelle
Eine Zollbehörde
Ein Werkstück
Ein Garten
Ameisenhaufen

geschlossene Systeme gibt es nur in der Theorie (weil sich mit ihnen so bequem rechnen läßt)

Ein System, das lebt, ...

... ist immer *dynamisch*, immer fließend.

Statisch sind nur theoretische Systeme. Die wirklichen sind immer im Fließgleichgewicht mit der übrigen Welt.

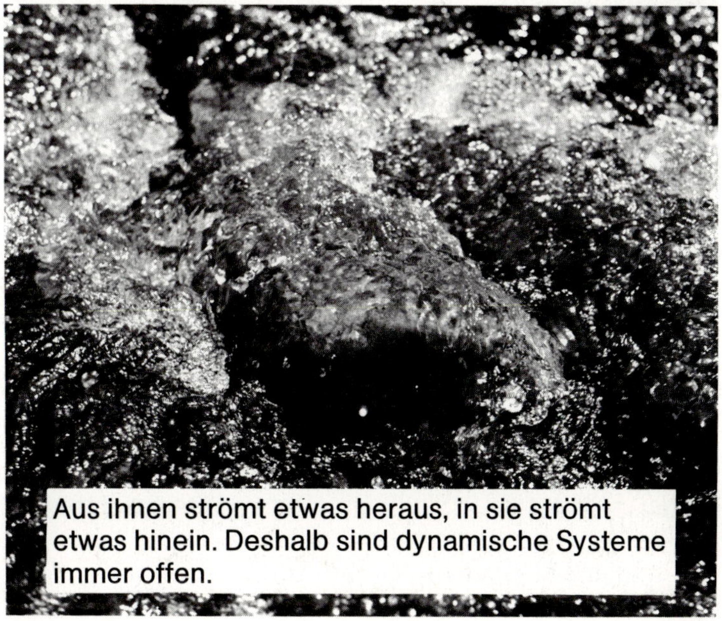

Aus ihnen strömt etwas heraus, in sie strömt etwas hinein. Deshalb sind dynamische Systeme immer offen.

2

Jedes System
besteht wieder
aus Teilsystemen . . .
. . . und jedes System
ist Teil eines größeren

Jedes System besteht wieder aus Teilsystemen – und jedes System ist Teil eines größeren:

Ein Anwesen in einer Dorfgemeinschaft...
eine Fabrik in einem Ballungsraum...
eine Zeitungsredaktion in einem Verlag...
das Verkehrssystem in einer Stadt...
der einzelne Mensch in der Familie,
eine Mücke an einem Teich.

Sie alle sind Systeme – aber auch Teile von übergeordneten Systemen, mit denen sie verbunden sind.

Wenn wir nicht erkennen, daß etwas ein System ist, und wenn wir es so behandeln wie einzelne Teile, erleben wir meist die bösesten Überraschungen.

Meist sieht man nur …

… die einzelnen Elemente eines Systems,

… aber nicht die Wirkungen zwischen ihnen, die jedoch sehr wesentlich sind.

Ohne sie zu kennen, versteht man auch nicht das System!

Wirklich einfache Systeme …

… gibt es immer nur in unserer Vorstellung: in Theorien und auf Landkarten.

In der äußeren Wirklichkeit, in der Praxis, im Gelände …

… gibt es nur komplexe Systeme.

2

links: Fluß-Dschungel in der Karibik

Ein gigantisches Supersystem ist die Biosphäre:

Ein fluktuierendes System gewaltigen Ausmaßes mit einem Jahresumsatz von 200 Milliarden Tonnen Kohlenstoff und organischem Material, von 100 Milliarden Tonnen Sauerstoff. Ein System, das selbst an Schwer- und Leichtmetallen wie Eisen, Vanadium und Kobalt, Magnesium, Natrium und Kalium Jahr für Jahr zusammengenommen viele Milliarden Tonnen verarbeitet.

Ein System, das diesen gewaltigen Energie- und Stoffumsatz mit einem traumhaften Wirkungsgrad von bis zu 98% betreibt (Benzinmotor: 13%!), das weder Energie- noch Abfallsorgen kennt und eine Kombination elegantester Technologien darstellt.

Kein Wunder, denn es hatte viele tausend Mal mehr Zeit als wir zur Verfügung, um all dies über Versuch und Irrtum zu vollendeter Reife zu entwickeln. Und doch ein Wunder – denn all dies geschieht mit Algen, Plankton, Bakterien, verletzlichen Tierchen und zarten Pflänzchen, die letztlich doch stabiler sind als alle unsere künstlichen Systeme. Warum? Ihre Organisation entspricht den Gesetzen überlebensfähiger Systeme. Der Hauptgrund, warum diese „Firma" seit vier Milliarden Jahren nicht Pleite gemacht hat.

Planet Erde, das System, in dem wir leben

Eine Kugel mit 1400 Billiarden Tonnen Meerwasser – darin 15 Billiarden Tonnen gelöster Stoffe; mit 250 Milliarden cbm jährlichem Süßwasserniederschlag über dem Land; mit 1180 Billionen Tonnen Luftsauerstoff; mit 4200 Milliarden Megawattstunden täglichem Energieeinstrom; mit 100 Milliarden Tonnen Erdölreserven; mit 2,5 Millionen Tonnen Uranreserven; mit 1 200 000 Tierarten, 500 000 Pflanzenarten, 4 000 Mikrobenarten und 90 Millionen qkm bewohnbarer Fläche.
Eine Kugel, die irgendwo durch das Weltall fliegt und bis auf die jährliche Sonneneinstrahlung mit dem auskommen muß, was auf ihr ist. Weshalb sich die Dinge auf ihr in einem Fließgleichgewicht halten müssen.
Aber auch eine Kugel mit über 4 Milliarden Menschen, die sich allein in den letzten hundert Jahren versechsfacht, ihren Rohstoffverbrauch verzehnfacht, ihren Abfall verzwölffacht und ihren Energieverbrauch verzwanzigfacht haben.
Im Jahr 2000 werden es 7 Milliarden sein. Ihre Ansprüche mögen mitwachsen, aber sie werden nie erfüllt werden können.

Wenn wir das nächste Mal von Wachstum hören, so sollten wir daran denken:
Wir haben nur diesen einen Planeten. Und der wächst nicht mit.

Eine Blume ...
Die Welt im Finger
3

Die Welt im Finger

„Hut ab vor dem Finger..."

Thema: Verschachtelte Systeme

Natürliche Systeme existieren nie für sich allein, sondern sie durchdringen sich gegenseitig. An einer 7teiligen Farbbildreihe mit immer stärker vergrößerten Ausschnitten aus einem menschlichen Finger erfährt man, wie quer durch alle Größendimensionen hindurch eine Fülle eng ineinander verschachtelter Systeme wirksam ist. Obwohl im Detail ein kompliziertes Supersystem, ist der Finger als Ganzes doch wieder einfach zu begreifen – auch ohne die gesamte Biochemie seiner Zellen und die wieder darin befindlichen Einzelsysteme zu kennen. Doch aufgrund dieser ineinander verflochtenen Einzelsysteme können wir unserem Finger befehlen zu winken, auf etwas zu zeigen oder auf einer Geige ein virtuoses Stück zu spielen.

Exponat 3

Die Welt im Finger

Thema:
Verschachtelte Systeme

Themengruppe A:
Was ist ein System?

Sponsor:
Siemens AG, München

3

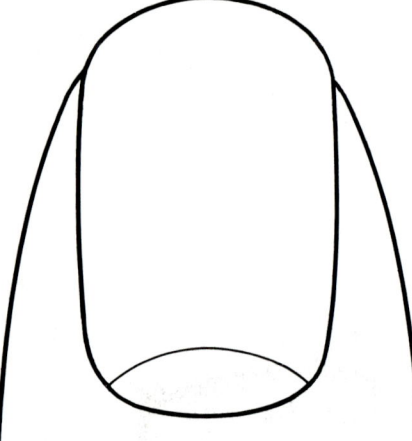

Was ist ein Finger?
Nun, halt ein Finger.
Ein bißchen Haut, Muskeln und Knochen. Ein Teil der Hand und gleichzeitig ein gigantisches Supersystem ineinander verschachtelter Welten.

Entdecken Sie seine Geheimnisse!

Er ist ein hochkomplexes System. Ein Instrument der Sinne und der Bewegung. Mit Billionen von Einzelelementen. Mit einem rasanten Materie-, Energie- und Informationsverkehr, bei dem in jeder Sekunde – auch in Ruhestellung – allein 500 einzelne Bewegungskorrekturen, über 1000 Sinneswahrnehmungen und Zehntausende von chemischen Reaktionen durchgeführt werden. Nur der winzigste Teil seiner Tätigkeit ist uns bewußt.

Hier ein Steckbrief seiner wichtigsten Elemente:

Steckbrief Finger

28	Muskelgruppen
43	verschiedene Sehnen und Bänder
4	Sehnenscheiden
3	Knochen
250	Kälterezeptoren
17	Wärmerezeptoren
850	Schmerzrezeptoren für Oberflächenschmerz
341	Schmerzrezeptoren für Tiefenschmerz
1233	Druckrezeptoren
471	Berührungsrezeptoren
284	Vibrationsrezeptoren
744	Rezeptoren für die Stellung der Gelenke im Raum
2677	Schweißdrüsen
901	Talgdrüsen
4600	cm arterielle Gefäße
2300	cm venöse Gefäße
1250	cm Lymphgefäße
1040	cm Nerven
	und
1,5	Milliarden Zellen.

Sie alle arbeiten Tag und Nacht zusammen, um den Finger zu dem zu machen, was er ist: zu einem der subtilsten und feinfühligsten Bewegungsorgane. Ein Organ, das nicht nur sein Eigenleben aufrechterhält, sondern auch in der Lage ist, innerhalb von Millisekunden auf die Bedürfnisse des Organismus zu reagieren, ja, das sich bei Verletzungen durch den Mechanismus der Wundheilung noch selber verarzten und regenerieren kann.

Fingerabdruck 1:100
Die Fingerrillen – uns nur bekannt als individuelles Erkennungsmuster – doch jede Pore bereits eine Welt für sich.

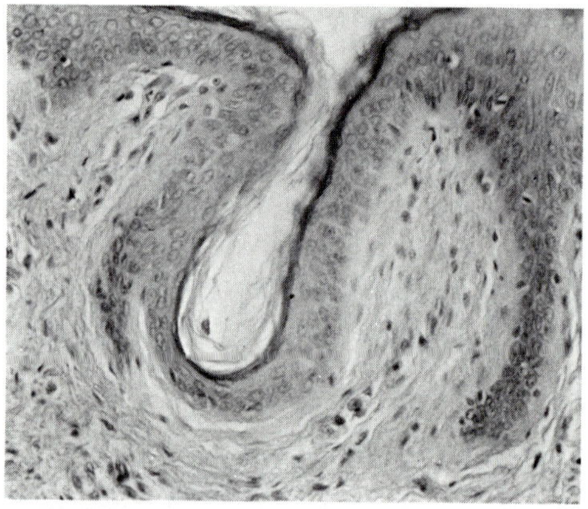

Schweißpore 1:1000
mit Zellschichten verschiedener Funktion

Falscher Fisch

Thema: Beurteilung von Teilen durch das Ganze

Die Beurteilung von Systemteilen kann zu schwerwiegenden Irrtümern führen, wenn man die Zusammenhänge nicht sieht. An einem Bildmotiv von C. M. Escher, von dem durch eine darüberliegende Kreisblende zunächst nur ein kleiner Ausschnitt sichtbar ist, zeigt sich, daß man diesen Ausschnitt, sobald man ihn durch Aufziehen der Blende im Gesamtzusammenhang sieht, ganz anders beurteilt.

So geht es mit vielen „falschen Fischen" in dieser Welt. Sie stören den Zusammenklang, den Ablauf wichtiger Funktionen oder die Selbstregulation in lebenden Systemen, obgleich sie – für sich gesehen – durchaus akzeptabel und sogar schön sein mögen.

Exponat 4

Falscher Fisch

Thema:
Beurteilung von Teilen durch das Ganze

Themengruppe A:
Was ist ein System?
(Exponate 1–4)

Modellbau:
Stadler & Gamma, Luzern

Sponsor:
IBM-Deutschland GmbH, Stuttgart

4

Onkel Herberts Vase ist wunderschön – aber sie paßt nicht in unser Wohnzimmer.

Ein falsches Zahnrad in einer Maschine – und sie funktioniert nicht mehr.

Ein schickes Hochhaus. Doch hier stört es die Landschaft, den Verkehr, die Aussicht und das Wohlbefinden.

Auch unsere Welt ist eine – wenn auch weiche – Maschine. In ihr gibt es viele solcher falschen Fische, die die Funktion des Ganzen stören. – Und es werden immer mehr!

Steigt das Inlandseinkommen in einem Entwicklungsland, so erhöht sich meist rapide seine Einfuhr. Doch die Freude über die anrollenden Güter schlägt leicht ins Gegenteil um: Denn hat man die nötige Infrastruktur (Häfen, Verlademöglichkeiten, Transportwege) vergessen, so bleiben die Schiffe – oft mit verderblichen Gütern – monatelang vor der Küste liegen. Millionenverluste, Nachschub und Weitertransport brechen zusammen. So geschehen im Iran, in Lagos oder – wie auf diesem Foto – in Caracas.

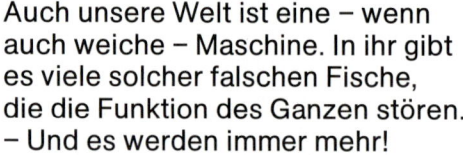

Eines der berühmten „Denkbilder“ des niederländischen Grafikers M. C. Escher.

Der Fisch in der Blende wurde verkehrt herum eingesetzt. Daß er der „falsche“ ist, stellt sich erst im Gesamtzusammenhang heraus.

Erst wenn der Blick das Ganze faßt,
versteht man die Details.

Wer nur die Einzeldinge betrachtet und seinen Horizont nicht auf das Ganze erweitert, der wird den „falschen Fisch“ nie erkennen und sich wundern, warum
seine großartige Maschine,
sein gut organisiertes Unternehmen,
seine geniale Erfindung,
seine zielgerichtete Wirtschaftspolitik nicht das bringen, nicht so funktionieren wie man es erwartet.
Ja, warum sie irgendwann sogar zusammenbrechen.

4

So führen strukturpolitische Eingriffe – auch in Industrieländern – sehr oft zu falschen Fischen:

Eine chemische Fabrik wird – weil dort steuerlich begünstigt – in eine Landschaft gesetzt, ohne daß die Gesamtstruktur des Gebietes bedacht wurde. Die Folgen können unter anderem sein:

Zerstörung einer Kultur- und Erholungslandschaft, Rückgang des Fremdenverkehrs, Wegfall der Naherholung für die Einheimischen, Anstieg der Lebenshaltungskosten,

auftreten hoher externer Kosten durch Umweltbelastung: Wasser- und Luftverschmutzung, Abfälle, Lärm und Stress, Anbauschäden und Insektenbefall durch Wegzug von Vogelarten.

Weiterhin: hohe Folgekosten durch Straßenbau, Müllbeseitigung, Klärwerke, Lärmschutz usw. Alles neue finanzielle Belastungen, die die steuerlichen Mehreinnahmen weit übersteigen können und die Verschuldung vieler Gemeinden in schwindelnde Höhen treiben – ganz zu schweigen von der steigenden Außenabhängigkeit über Ölpreise, Rohstoffimporte, Pendler und Versorgung.

Viele „falsche Fische“ entstehen auch durch eine unreflektierte Energiepolitik:

Durch ein Überangebot an Energie (zur Zeit 8% Stromüberschuß in der Bundesrepublik!) werden energieintensive Technologien und Anbautechniken und damit Fabriken und Landwirtschaftsbetriebe mit überproportionalem Energieverbrauch begünstigt. (Vgl. die Exponate 13 und 20). Doch solche bieten nicht nur weniger Arbeitsplätze als andere, sondern sind auch äußerst anfällig gegenüber der jeweiligen Rohstoff- und Energielage. Sie machen die Wirtschaft der betreffenden Region labiler und schaden damit letztlich auch dem eigenen Interesse.

So sind viele Dinge in unserer Welt für sich gesehen in Ordnung. Doch im Zusammenhang sind sie ein „falscher Fisch“. Denn da auch sie mit vielem anderen vernetzt sind, blockieren sie oft das Ganze – und damit auch wieder sich selbst.

Themengruppe B:

Wie wirken die Dinge aufeinander?

Kennt man die Vernetzungen eines Systems, so ist noch nicht alles gewonnen. Denn entscheidend ist nicht nur, was mit wem verbunden ist, sondern auch, wie es damit verbunden ist, also die Kenntnis der Wechselwirkungen zwischen den Teilen.

In der Tat wirken die Teile eines Systems sehr unterschiedlich aufeinander. Nicht nur positiv oder negativ, stark oder schwach, sondern eine Beziehung kann auch je nach ihrer Dauer und Stärke sogar ihren Charakter ändern, vom Helfen zum Zerstören umschlagen oder gänzlich neue Resultate liefern.

Damit hat jede Wirkung zwischen zwei Systemteilen ihre eigene Dynamik, die sich in mathematischen Funktionen ausdrücken läßt. In den 4 Exponaten dieser Themengruppe sind die wichtigsten Prototypen von Beziehungen durch Beispiele aus verschiedensten Lebensbereichen mit den dazugehörigen Kurven erklärt.

5
Lineare Beziehungen
Was ist eine ‚lineare' Beziehung?
Gewichtfahren

Gewicht fahren

Thema: Lineare Beziehungen

Lineare Beziehungen haben wir, wenn sich eine Wirkung im gleichen Maße verändert wie ihre Ursache.

Der Besucher erlebt das in einem kleinen Spiel:
Im Modell eines Fachwerkhauses hängt ein Aufzug an einem Flaschenzug, der über einen Federhebel mit einer Druckplatte in Verbindung steht. Die Veränderung des Drucks – je nach der Zahl der auf die Platte gestellten Gewichte – wird linear übertragen und durch die Anzahl der Stockwerke veranschaulicht, die der Aufzug nach oben fährt.

Die meisten Beziehungen in Systemen – und damit in der Wirklichkeit – sind jedoch nicht linear. Und wenn sie es sind, wie etwa auch im Fall einer Federwaage dann nur innerhalb bestimmter Grenzwerte: Hängen wir ein Gewicht an eine Feder, so zieht es dieselbe auf eine bestimmte Länge. Ein doppelt so großes Gewicht zieht sie doppelt so weit nach unten, ein dreifaches Gewicht dreimal so weit. Dies funktioniert natürlich nur innerhalb des elastischen Bereichs der Feder. Über Schwell- und Grenzwerte siehe Exponat 7.

Exponat 5

Gewichtfahren

Thema:
Lineare Beziehungen

Themengruppe B:
Wie wirken die Dinge aufeinander?

Modellbau:
Hannes Burkhart, München

Sponsor:
Siemens AG, München

5

Was ist eine lineare Beziehung?

Bei linearen Beziehungen verändert sich die Wirkung in gleichem Maße wie die Ursache. In unserem Fachwerkhaus fährt der Aufzug genauso viele Stockwerke hoch, wie man Gewichte aufgelegt hat. Die Hebelverbindung zwischen Druckplatte und Aufzugsfeder sorgt für eine lineare Beziehung zwischen dem aufgestellten Gewicht und der Höhe des Aufzugs. Trägt man die Werte gegeneinander auf, so ergibt sich eine gerade Linie. Ob diese Gerade nach oben oder unten geht (die Wirkung proportional oder umgekehrt proportional ist), ob sie steil oder flach verläuft, spielt dabei keine Rolle. Hauptsache, es ist eine Gerade.

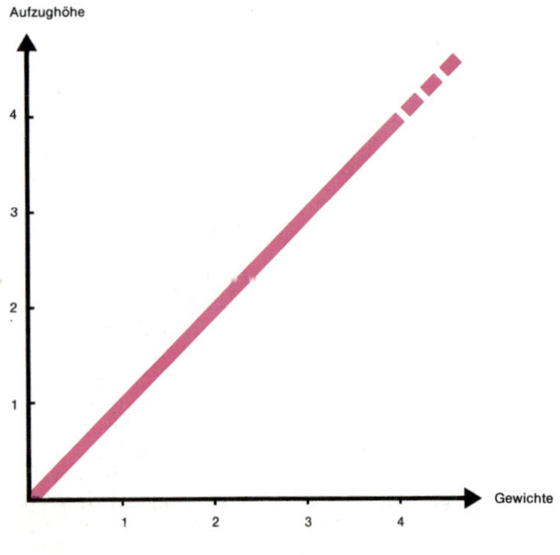

Aufzughöhe
4
3
2
1
1
2
3
4
Gewichte

Gewichtfahren
4
3
2
1

5

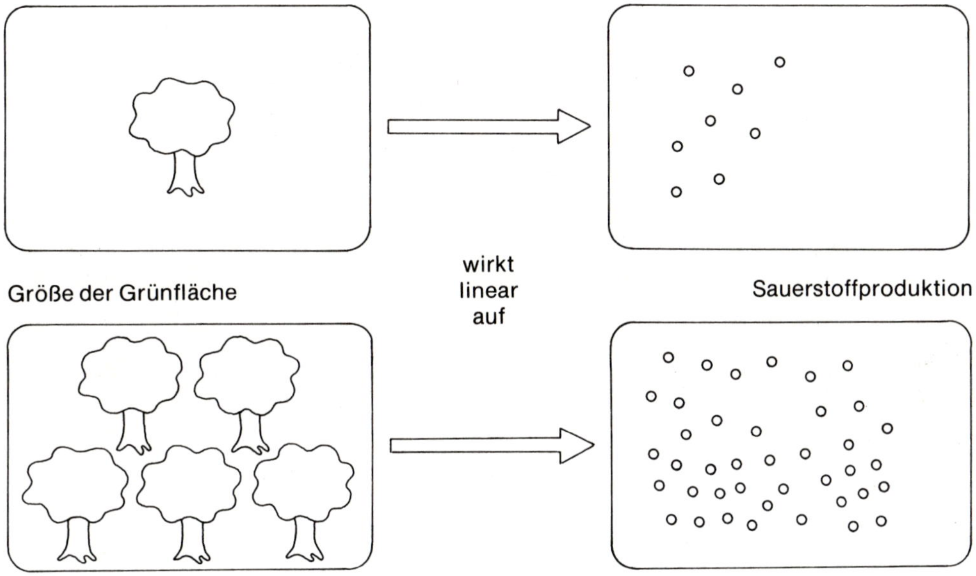

Größe der Grünfläche
wirkt linear auf
Sauerstoffproduktion

Übrigens:
Eine einzige alte Buche produziert bei Tageslicht 1200 Liter Sauerstoff pro Stunde. Ein Mensch veratmet in der gleichen Zeit 30 Liter, ein VW-Käfer 16 000(!).

Weitere Beispiele: Der Maisertrag pro Ackerfläche steigt proportional mit der Tiefe der Ackerkrume, das heißt der Humusschicht. Eine Küchenhilfe schält Kartoffeln.
Die Anzahl der geschälten Kartoffeln steht in linearer Beziehung zu der aufgewandten Zeit.
Die Steigerung der Todesfälle durch Leberzirrhose geht auffällig genau mit dem Zuwachs des Alkoholkonsums einher: Von 1950–1975 stieg der Alkoholverbrauch in der Bundesrepublik von 3,3 auf 14,3 Liter pro Kopf, also um das 4,3fache(!).
Im gleichen Zeitraum stiegen die Todesfälle durch Leberzirrhose pro 100 000 Einwohnern von 13,6 auf 58,6 an, also ebenfalls auf das 4,3fache(!). (Siehe Grafik.)
So wie in diesen Beispielen gibt es nur wenige wirklich lineare Beziehungen in der Natur. Und wenn, dann nur innerhalb eines begrenzten Bereichs.
(Vergleiche Exponate 6–8.)

Anstieg der Todesfälle durch Leberzirrhose mit dem Alkoholkonsum (nach Bundesgesundheitsamt).

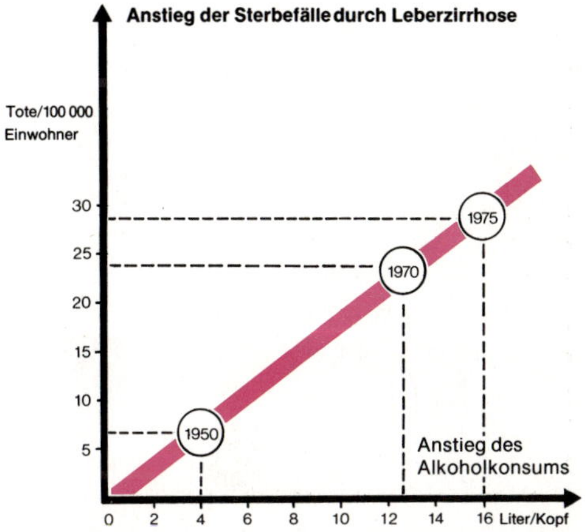

Anstieg der Sterbefälle durch Leberzirrhose
Tote/100 000 Einwohner
30
25
20
15
10
5
1950
1970
1975
Anstieg des Alkoholkonsums
0
2
4
6
8
10
12
14
16 Liter/Kopf

6

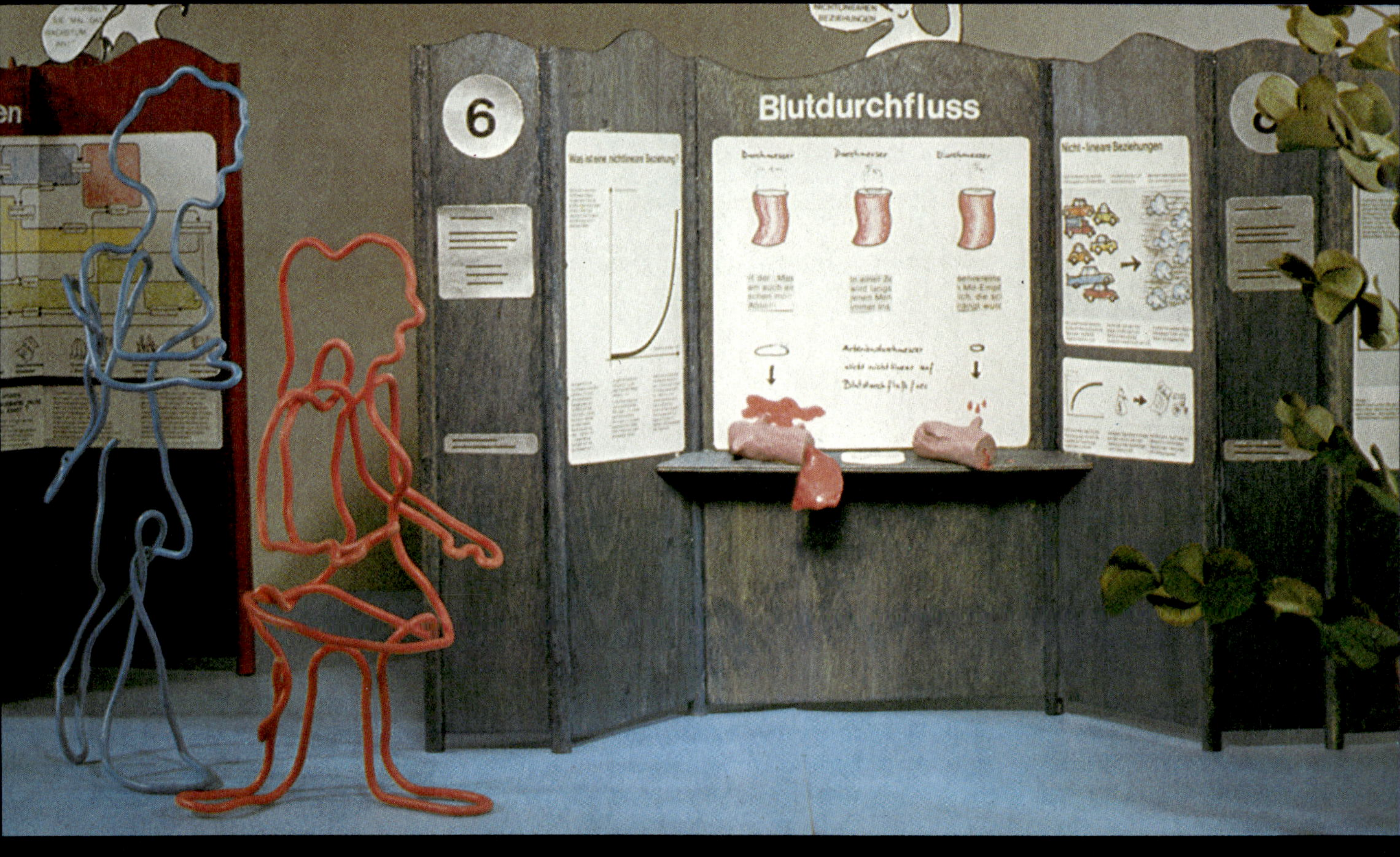
6
Blutdurchfluss
Nicht - lineare Beziehungen

Blutdurchfluß

Thema: Nichtlineare Beziehungen

Durch die Unkenntnis nichtlinearer Beziehungen verführen simple Hochrechnungen oft zu falschen Schlüssen. Denn vielfach verändern sich Ursache und Wirkung nicht im gleichen Maße – z.B. bei Strömungsvorgängen, bei Stauungen, bei Vorgängen der Sättigung oder solchen der Beschleunigung.

Am plastischen Modell eines Blutgefäßes erfährt man, daß sich bei einer Halbierung des Durchmessers, z.B. durch Ablagerungen, der Blutdurchfluß nicht etwa ebenfalls auf die Hälfte, d.h. proportional, sondern auf ein Sechzehntel verringert, also in der vierten Potenz. Ergänzende Bildtafeln zeigen die entsprechende mathematische Kurve und weitere Beispiele aus anderen Bereichen: die Beziehung zwischen Verkehrsdichte und Luftverschmutzung und die Wirkung der in die Forschung hineingesteckten Gelder auf die Qualität der erzielten Resultate.

Exponat 6

Blutdurchfluß

Thema:
Nichtlineare Beziehungen

Themengruppe B:
Wie wirken die Dinge aufeinander?

Modellbau:
Herbert Kaulbarsch, Bargteheide

Sponsor:
Siemens AG, München

6

Verringert sich der Durchmesser eines Blutgefäßes auf die Hälfte (z.B. durch arteriosklerotische Ablagerungen), so fließt nicht etwa halb soviel Blut hindurch – wie das bei einer linearen Beziehung der Fall wäre –, sondern nur noch ein Sechzehntel dieser Menge. Verringert sich der Durchmesser auf ein Viertel, so geht der Blutdurchfluß gar auf ein Zweihundertsechsundfünfzigstel der ursprünglichen Menge zurück ($y = x^4$).

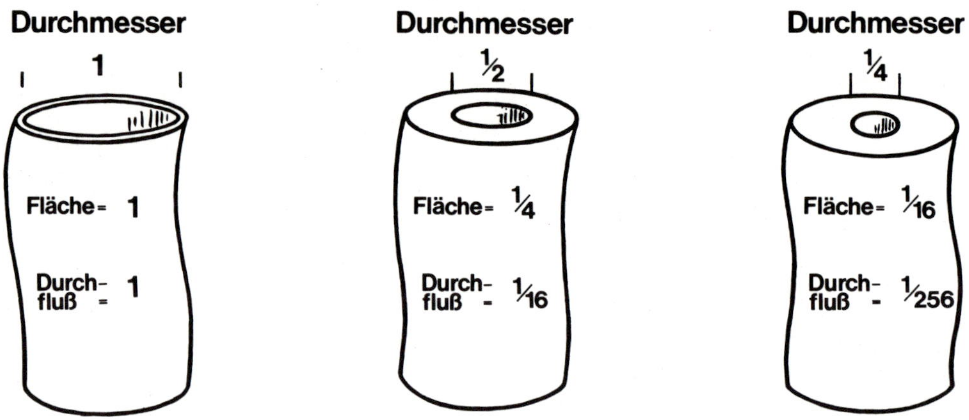

Durchmesser
1
Fläche = 1
Durchfluß = 1
Durchmesser
1/2
Fläche = 1/4
Durchfluß = 1/16
Durchmesser
1/4
Fläche = 1/16
Durchfluß = 1/256

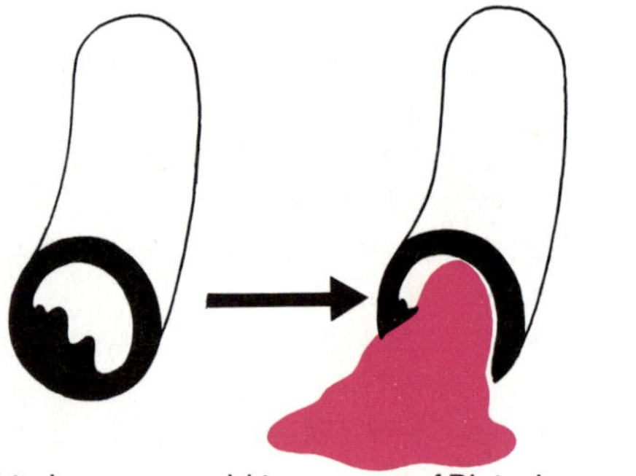

Arteriendurchmesser
wirkt nichtlinear
auf Blutvolumen pro sec

Das steile Absinken des Blutdurchflusses schon bei geringfügigen Verengungen der Gefäßwände ist einer der Hauptauslöser bei Infarkten. Wie in jedem Regelkreissystem ist jedoch auch hier das Ineinanderspiel von Kreislaufschäden, Rauchen, Streßbelastung, Ernährung, Bewegungsmangel, Bluthochdruck und Ablagerungen nicht eindeutig. Und wie in jedem Regelkreissystem kann auch hier eine Ursache zur Wirkung und eine Wirkung zur Ursache werden.

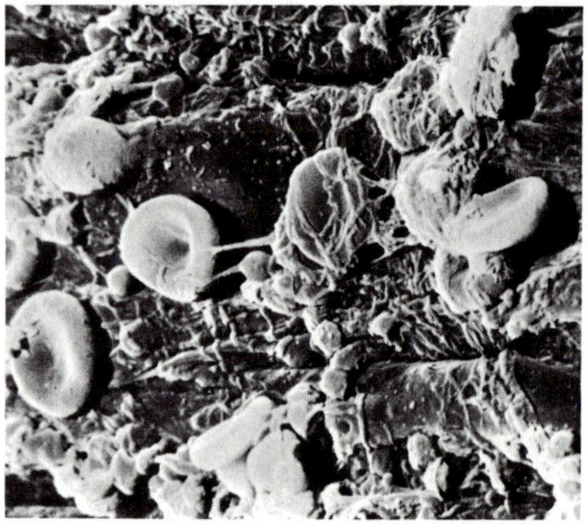

Übrigens:
Von 1953 bis 1973 stieg in der Bundesrepublik die Zahl der Todesfälle durch Herz-Kreislauf-Schäden von 183000 auf 325000 pro Jahr an.

In ähnlicher Weise wie solche potenzierenden Wirkungen ($y = x^a$) haben auch exponentielle Wirkungen ($y = a^x$) einen ausgesprochen steilen, unter Umständen sogar explosionsartigen Verlauf.

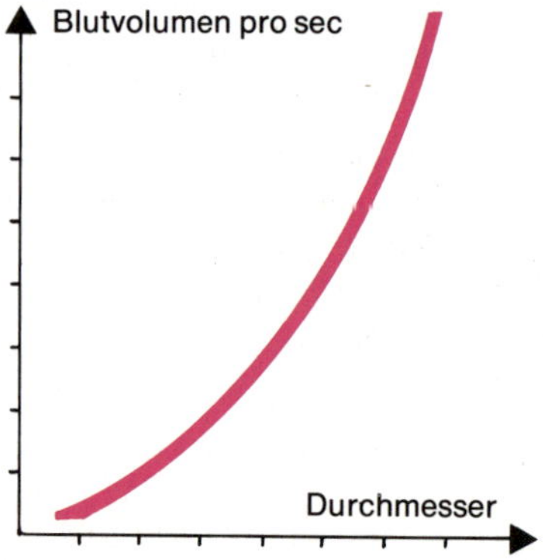

Blutvolumen pro sec
Durchmesser

Auch die Beziehung zwischen Fahrzeugzahl pro Straßenfläche und dem Grad der Luftverschmutzung ist gewissermaßen exponentiell oder zumindest überproportional: Mit zunehmender Verkehrsdichte erhöhen sich auch die Stauungen, so daß die Abgasproduktion nicht nur mit der Zahl der Fahrzeuge, sondern auch pro Fahrkilometer ansteigt. Zusätzlich erwärmt sich die Luft, Inversionen werden begünstigt, Smoglagen treten auf und halten die Abgase fest.

Verkehrsdichte wirkt nichtlinear auf Luftverschmutzung

Für die Bundesrepublik Deutschland wurde für das Jahr 1977 ein Gesamtausstoß von 420 Milliarden m^3 Autoabgasen errechnet.
Sie enthalten (in Gewichtstonnen):

100 000 t	Schwefeloxide
350 000 t	Stickoxide
6 500 000 t	Kohlenmonoxid
250 000 t	Kohlenwasserstoffe
7 000 t	Blei (1970)

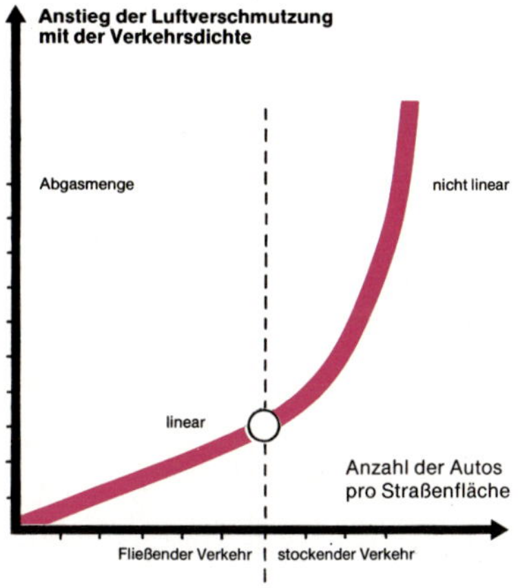
Anstieg der Luftverschmutzung mit der Verkehrsdichte
Abgasmenge
nicht linear
linear
Anzahl der Autos pro Straßenfläche
Fließender Verkehr
stockender Verkehr

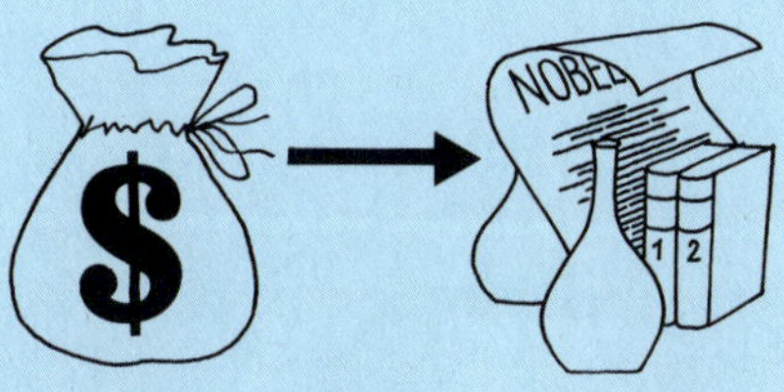

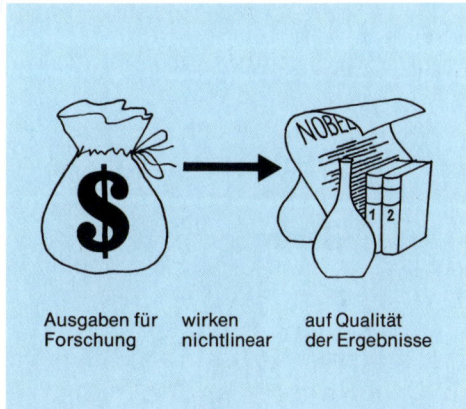

Ausgaben für Forschung wirken nichtlinear auf Qualität der Ergebnisse

Gibt man mehr Geld für die Forschung aus, so wird die Qualität der Forschungsergebnisse zunächst ansteigen. Irgendwann ist aber ein Wert erreicht, der trotz beliebig großer Geldmengen nicht überschritten werden kann – weil die Forschungsergebnisse auch mit der Zahl und dem Können der Forscher, mit der Struktur der Forschungsinstitute und den geleisteten Vorarbeiten vernetzt sind.

Kurve mit Sättigungswert

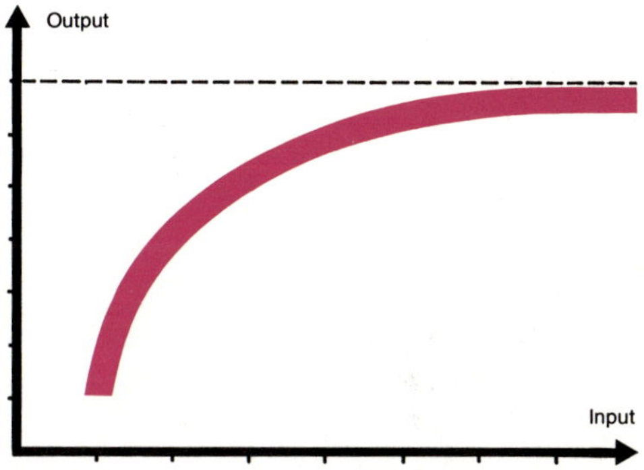
Output
Input

Auch dies ist ein Beispiel für nichtlineare Beziehungen: Wirkungen mit Sättigungswert – genau wie beim wirtschaftlichen Ertragsgesetz: Im ersten Stadium steigt der Output selbst bei konstantem Input zunächst überproportional an.
Es folgt der Übergang in eine lineare Beziehung und schließlich in eine Sättigungskurve (Asymptote).

Neben einfachen nichtlinearen Beziehungen, zu denen auch solche mit Sättigungswert gehören, finden wir in vernetzten Systemen auch weit kompliziertere – solche mit Schwell- und Grenzwerten (vgl. Exponat 8) oder selbst mit mehrmaligem Richtungswechsel (vgl. Exponat 12).

7

6
Blutdurc
Indisches Märchen
7
ogenspannen

Indisches Märchen

Thema: Exponentielles Wachstum

Die weitverbreitete Unkenntnis über den wahren Charakter des exponentiellen Wachstums – einer der wichtigsten nichtlinearen Beziehungen – kann zu verblüffenden Folgen führen: Am Beispiel des bekannten indischen Märchens vom Schachbrett und der sich von Feld zu Feld verdoppelnden Zahl von Weizenkörnern erfährt der Besucher an einem einleuchtenden Beispiel, wie wichtig es ist, exponentielle Beziehungen frühzeitig zu erkennen.

Exponat 7

Indisches Märchen

Thema:
Exponentielles Wachstum

Themengruppe B:
Wie wirken die Dinge aufeinander?

Modellbau:
Herbert Kaulbarsch, Bargteheide

Sponsor:
Gottlieb-Duttweiler-Institut, Zürich-Rüschlikon

7

Vor langen Zeiten hatte ein weiser Brahmane in Indien das Schachspiel erfunden und es seinem König zum Geschenk gemacht. Der König war so begeistert über das Spiel, daß er dem Brahmanen einen freien Wunsch gestattete. Dieser erbat sich für das erste Feld des Schachspiels ein Weizenkorn und für die restlichen 63 Felder jeweils doppelt so viele Körner wie auf den vorherigen.

Der König, erfreut über den bescheidenen Wunsch des Weisen, ließ ihm aus einer Schüssel ein Feld nach dem anderen mit der gewünschten Anzahl Körner belegen. Bald wurden es zwar einige mehr, als er ursprünglich dachte, und er ließ noch einige Scheffel und schließlich Säcke bringen. Er war aber weiterhin guten Muts, denn er hatte noch wenig von Exponentialfunktionen gehört.

Doch man war noch längst nicht bis in die Mitte des Schachbretts gelangt, als der König plötzlich erkennen mußte, daß der Wunsch des Brahmanen nicht nur ihn, sondern das ganze Land ruinieren mußte – ja, daß selbst auf der ganzen Welt nicht genug Weizen produziert wurde, um den Wunsch des Brahmanen zu erfüllen. Beschämt mußte er kapitulieren.

20.000 t
Jahresernte
Saarland
80.000 t
160000 t
320.000 t
640.000 t
Jahresernte
Bayern
2.560.000 t
Jahresernte
BRD
20 Mio. t
Jahresernte
Frankreich
80 Mio. t
160 Mio. t
Welt-
Weizen-
Ernte
Weltweizen-
ernte der
nächsten
1000 Jahre

Auch heute noch müßten wir genauso bei diesem Wunsche aufstecken wie damals. Denn auf dem 64. Feld lägen 2^{63} Weizenkörner – mehr als 9000 Billiarden. Und das sind über 400 Milliarden Tonnen oder die gesamte Weltweizenernte für die nächsten 1000 Jahre!

Nach einer arabischen Überlieferung wurde das Schachspiel vor 2550 Jahren von dem Brahmanen Sissa in Indien erfunden und dem damaligen König Sheram vorgeführt, der sich aus Freude über das neue Spiel auf jenen seltsamen, aber lehrreichen Wunsch eingelassen haben soll.

7

Die Geschichte zeigt, daß man durchaus – wie der schlaue Brahmane – eine solche Entwicklung schon im Anfang erkennen kann und daß man nicht warten muß, bis die Katastrophe eingetreten ist. Auch unser König wäre wohl bei etwas mehr Voraussicht – oder wenn er die mathematische Kurve eines exponentiellen Wachstums vor Augen gehabt hätte – sicher nicht auf das so harmlos scheinende Angebot eingegangen.

In unserer Welt gibt es genügend Beispiele für exponentielle Entwicklungen, die im Anfang harmlos aussehen und sich dann wie in dem indischen Märchen sehr plötzlich überschlagen und unsere Vorstellungen übersteigen. Die jährlichen Abgasemissionen im Straßenverkehr, die jährliche Plutoniumproduktion in Kernkraftwerken, die sich alle 10 Jahre verdoppelnden Müllberge (Autowracks alle 5 Jahre!) oder die immer rascher steigende Zahl der Großstädte auf der Erde. Wer kennt nicht die Sache mit den sich Tag für Tag verdoppelnden Teichrosen? – Nach 15 Tagen war der Teich halb bedeckt. Frage: Wann ist er ganz zugewachsen? Natürlich am 16. und nicht am 30. Tag! Ob wir solche Entwicklungen rechtzeitig erkennen, liegt oft nur am Zeitmaß der Verdoppelungsspanne. Wenn jemand beim Roulette einen Chip auf Rot liegen läßt und dann durch eine Rot-Serie die Bank gesprengt wird, hat er den Hergang unmittelbar vor Augen. Bei einer längeren Verdoppelungsspanne, etwa beim Wachstum eines Sparkontos, wo die Verdoppelungszeit vielleicht 10 Jahre beträgt, „rettet" uns (oder unsere Enkel) meist eine Geldabwertung vor dem sonst unermeßlichen Segen. Bei einer durch Zinseszins hochschnellenden Verschuldung rettet uns meist nichts.

Wie der indische König sind wir zunächst blind gegenüber nichtlinearen Funktionen. Und so steuern wir auch im großen, z. B. durch die exponentielle Rohstoffausbeutung, immer rascher auf endgültige Grenzen zu. Solange eben die letzte Tonne Silber, Kupfer, Blei, Zink, Erdöl und Uran noch nicht gefördert ist, ist von Mangel nichts zu spüren – auch wenn danach schlagartig unsere gesamte Technologie zusammenbrechen sollte.

Eine exponentielle Kurve bleibt eben exponentiell, auch wenn die Verdoppelungsspanne (z. B. beim Rohstoffverbrauch durch Rückgewinnung) verlängert wird. Solange der Verbrauch exponentiell steigt, wird die Kurve – und damit der Eintritt der Katastrophe – lediglich um wenige Jahrzehnte gestreckt. Trotzdem kann dies entscheidend sein, wenn die gewonnene Zeit zu einer Neuorientierung, d. h. zu einer Abkehr vom exponentiellen Wachstum genutzt wird (vgl. Exponat 12).

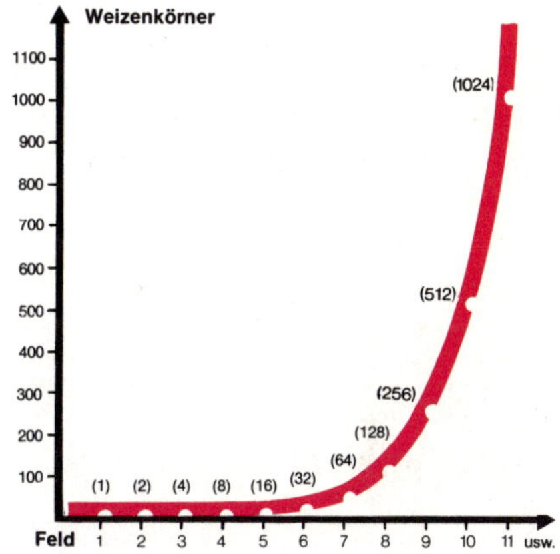
Weizenkörner
1100
1000
900
800
700
600
500
400
300
200
100
(1) (2) (4) (8) (16) (32) (64) (128) (256) (512) (1024)
Feld 1 2 3 4 5 6 7 8 9 10 11 usw.

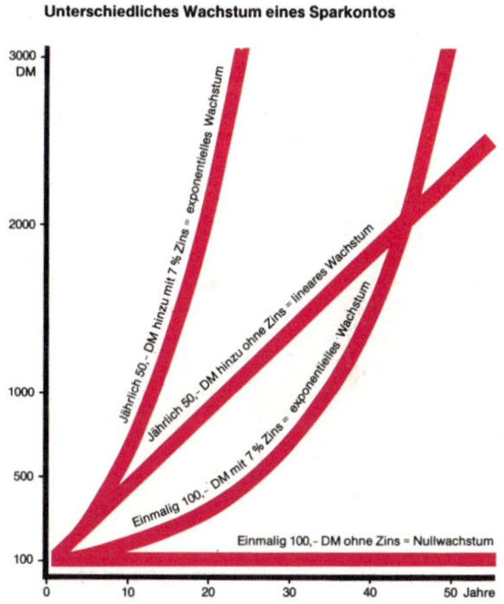
Unterschiedliches Wachstum eines Sparkontos
3000 DM
2000
1000
500
100
Jährlich 50,- DM hinzu mit 7 % Zins = exponentielles Wachstum
Jährlich 50,- DM hinzu ohne Zins = lineares Wachstum
Einmalig 100,- DM mit 7 % Zins = exponentielles Wachstum
Einmalig 100,- DM ohne Zins = Nullwachstum
0 10 20 30 40 50 Jahre

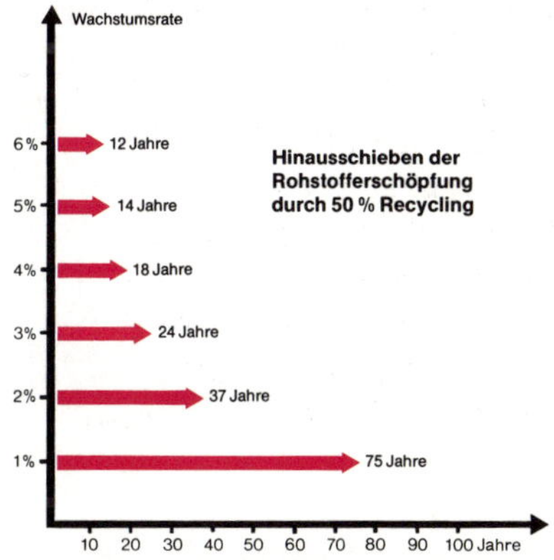
Wachstumsrate
6% 12 Jahre
5% 14 Jahre
4% 18 Jahre
3% 24 Jahre
2% 37 Jahre
1% 75 Jahre
Hinausschieben der Rohstofferschöpfung durch 50 % Recycling
10 20 30 40 50 60 70 80 90 100 Jahre

8

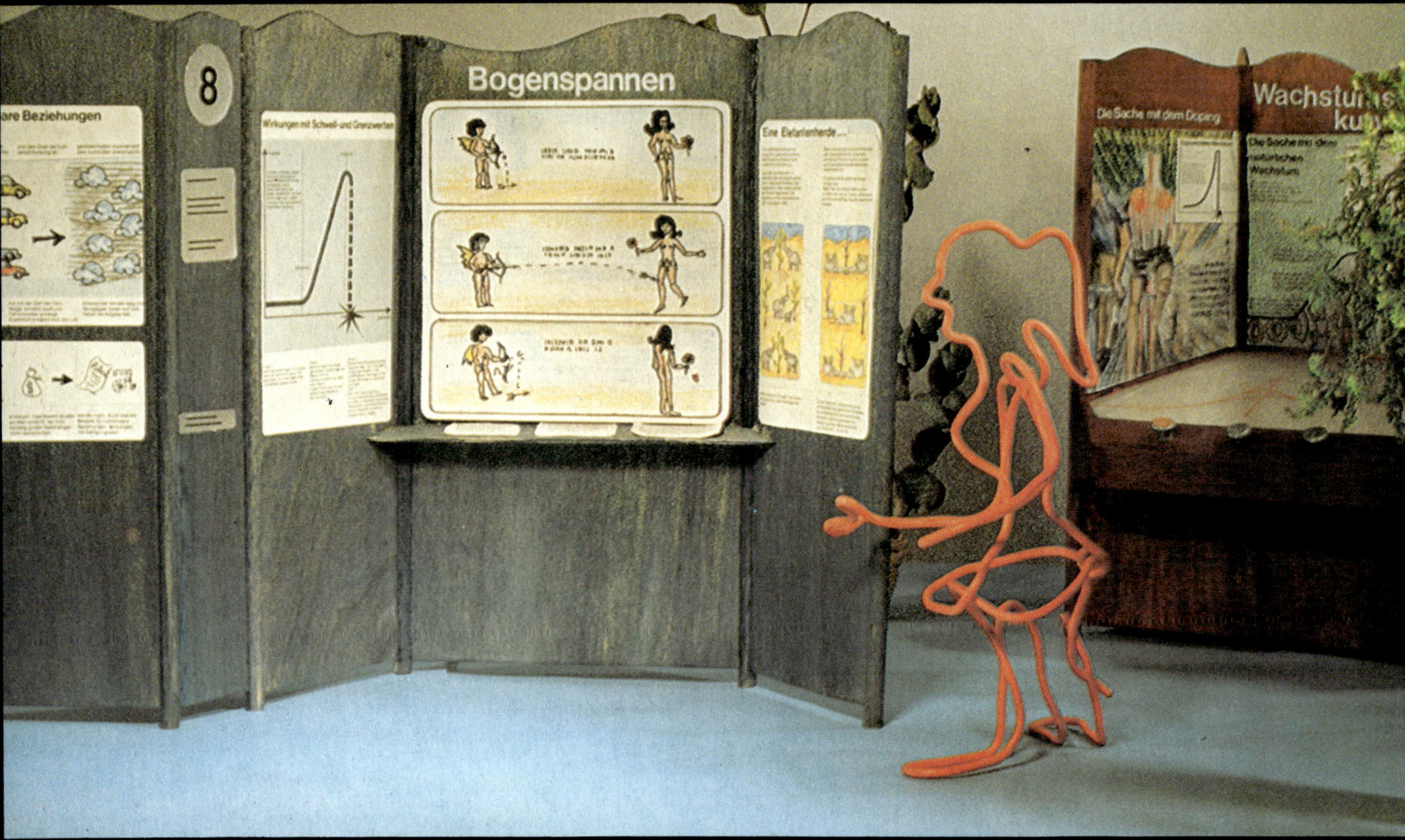
8
Bogenspannen

Bogenspannen

Thema: Schwell- und Grenzwerte

Die Beziehung zwischen den Elementen eines Systems muß nicht immer einer zügigen Kurve entsprechen. Sie kann sich auch abrupt ändern. Dies wird am Modell von Pfeil und Bogen demonstriert. Unterhalb eines bestimmten Wertes – bei schlaffer Schnur – fliegt kein Pfeil ab. Durch stärkeres Spannen des Bogens fliegt ein Pfeil zunächst immer weiter, bis der Bogen bricht und der Pfeil überhaupt nicht mehr fliegt.
Solche Grenz- und Schwellwerte haben eine enorme Bedeutung für

Solche Grenz- und Schwellwerte haben eine enorme Bedeutung für das Verstehen der Abläufe in einem System, was durch ergänzende Bildtafeln und durch die entsprechenden mathematischen Kurven veranschaulicht ist. Zum Beispiel: Katastrophen durch Mißachten solcher Grenzwerte in einem Elefantenreservat (plötzliche Nahrungserschöpfung) oder in der Sahelzone (plötzliche Grundwassererschöpfung; vgl. Exponat 19).

Exponat 8

Bogenspannen

Thema:
Schwell- und Grenzwerte

Themengruppe B:
Wie wirken die Dinge aufeinander?

Modellbau:
Herbert Kaulbarsch, Bargteheide

Sponsor:
Siemens AG, München

8

Wirkungen mit Schwell-und Grenzwerten

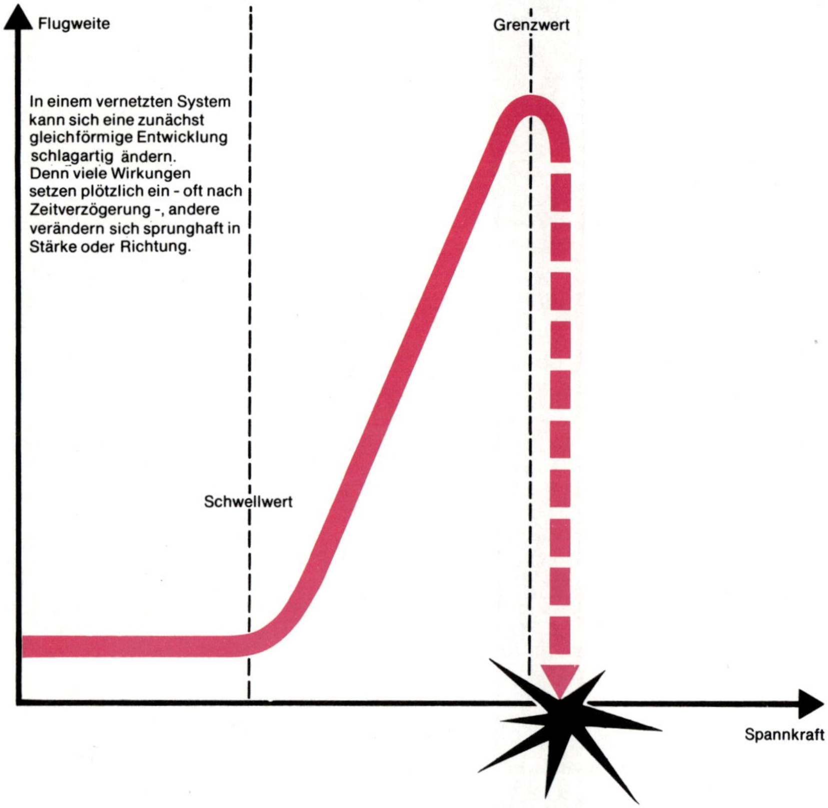

Flugweite
Grenzwert
In einem vernetzten System kann sich eine zunächst gleichförmige Entwicklung schlagartig ändern. Denn viele Wirkungen setzen plötzlich ein - oft nach Zeitverzögerung -, andere verändern sich sprunghaft in Stärke oder Richtung.
Schwellwert
Spannkraft

Phase 1:
Wenn man einen Bogen nicht spannt, kann man damit auch keinen Pfeil abschießen. Vor einem bestimmten »Schwellwert« passiert nichts.

Phase 2:
Sobald die Spannung diesen »Schwellwert« überschritten hat, fliegt der Pfeil los.
Je stärker die Spannung, desto weiter fliegt er.
In dieser Phase haben wir eine beinahe lineare Beziehung.
(Vgl. Exponat 5)

Phase 3:
Überschreitet die Spannung einen kritischen Wert - den »Grenzwert« -, so tritt unser System in eine dritte Phase ein: Der Bogen bricht, und der Pfeil fliegt nun überhaupt nicht mehr.
Fazit:
Wenn wir in einer ursprünglich sinnvollen Richtung übertreiben, so werden nur allzuleicht Grenzwerte überschritten, und die Entwicklung kann ins Gegenteil von dem umschlagen, was wir wollten.

8

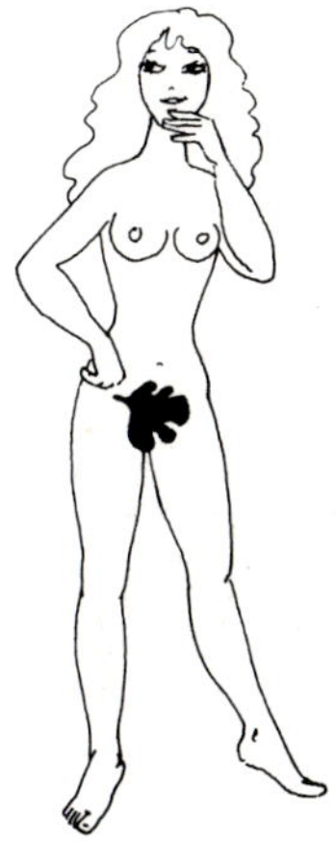

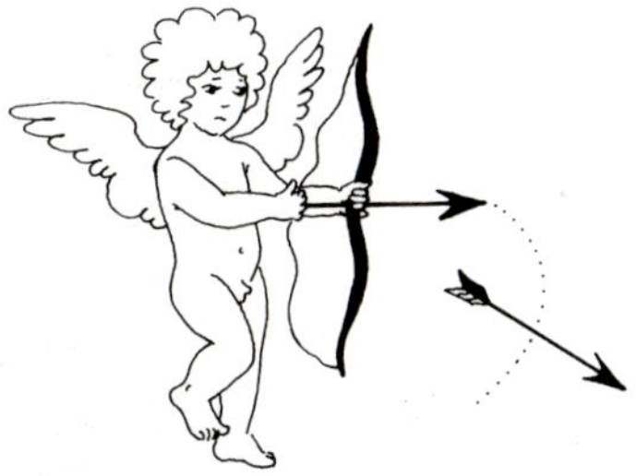

Unterhalb des Schwellwertes –
der Erfolg bleibt aus.

Oberhalb des Schwellwertes –
je größer die Spannung, desto
stärker die Wirkung.

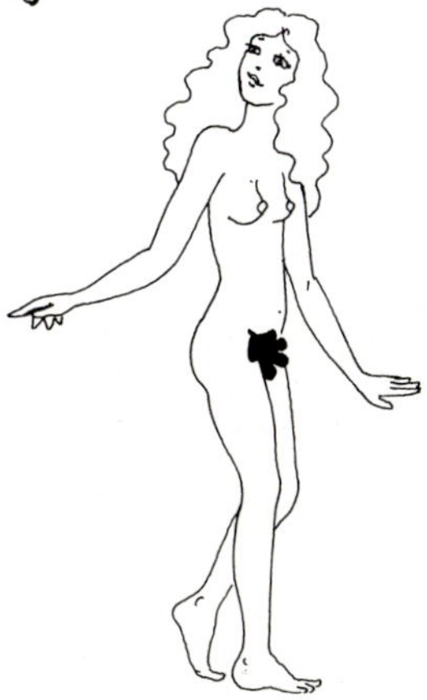

Jenseits des Grenzwertes –
das Gegenteil von dem Erhofften.

8

Eine Elefantenherde kann sich lange Zeit ungehemmt vermehren. Das Angebot an Pflanzen reicht zunächst für alle Tiere aus.

Je größer die Herde wird – in manchen Naturschutzparks gab es schon regelrechte Bevölkerungsexplosionen – desto stärker werden die Pflanzen abgeweidet: Die Vegetation nimmt expotentiell ab. (Vgl. Exponate 6 und 9)

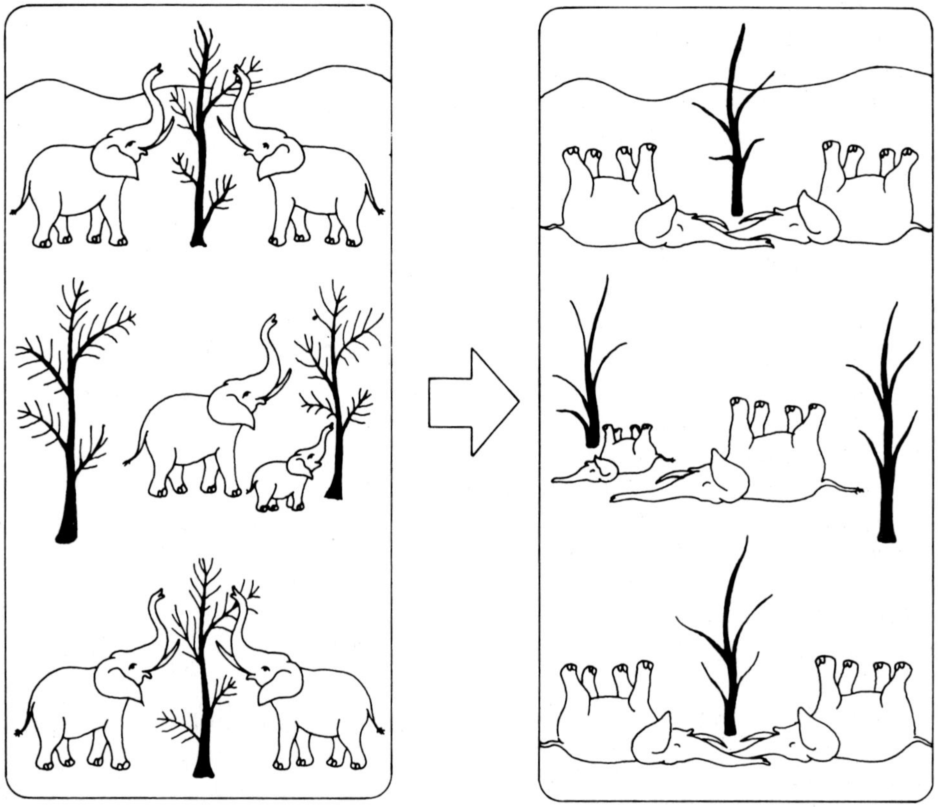

Wenn einmal eine kritische Elefantenzahl überschritten ist, so ist sehr schnell der Punkt erreicht, an dem auch das letzte Akazienbäumchen abgefressen ist.

Die ganze Herde stirbt »auf einen Schlag« aus. Hätte man die Herde retten wollen, so hätte man sie vor jenem »Grenzwert« auf eine vernünftige Anzahl dezimieren müssen.

Solche kritischen Schwell- und Grenzwerte gibt es bei vielen ökologischen Risiken – und natürlich auch bei sozialen Risiken. Wie in manchen anderen an den Tourismusboom angeschlossenen Gebieten mit ehemals einfacher, aber stabiler Sozialstruktur trat auch auf den Kanarischen Inseln eine zunächst von allen begrüßte Entwicklung ein. Sie führte viele aus bisher bescheidener Lebensweise heraus, ging aber nach Erreichen eines Grenzwertes – nämlich als der Boom nachließ – in eine irreversible Phase über, aus der es offenbar keinen Weg zurück gibt. Der Sog des Tourismusgewerbes führte zu immer stärkerer Landflucht, die Bananenfelder verrotteten, und als Bauboom und Touristenstrom verebbten, kam die Arbeitslosigkeit. Zurück aufs Land? Die Felder waren kaputt, das Wasser war knapp geworden und die Sozialstruktur zerstört. Aus Bauern und Fischern war ein Volk von Maurern und Zimmermädchen geworden – jedoch nunmehr abhängig von einer krisenanfälligen Branche. Auch mit Gewalt – mit unsinnigen Kunstdünger- und Pestizideinsätzen – konnte man die zerstörte Agrarstruktur nicht mehr retten, im Gegenteil, man besiegelte damit die endgültige Erosion.

Wirkungen mit Schwell- und Grenzwerten sind also für das Verständnis der Abläufe in vernetzten Systemen von entscheidender Bedeutung.

So wie ein typischer Schwellwert die „kritische Masse“ bei der Kernspaltung ist, sind typische Grenzwerte solche der Populationsdichte, des Grundwasserspiegels, des Grades der Luftverschmutzung, der Selbstreinigungskraft unserer Flüsse und Seen, der Verkehrsdichte und der Rohstoffvorräte.

Das Tückische ist jedoch dabei, daß sich – wie beim zerbrochenen Bogen – oberhalb eines bestimmten Grenzwertes eine Entwicklung oft nicht mehr rückgängig machen läßt (irreversible Prozesse). Wie beim „Umkippen“ von Gewässern kommt es dann zu Katastrophen, Zusammenbrüchen oder schlagartigen Wendungen in eine unerwartete Richtung. (Vgl. Exponate 7, 12 u. 19.)

Themengruppe C:

Wie wirken die Dinge auf sich selbst zurück?

Sind die Lohnforderungen der Gewerkschaften schuld an der Inflation? Oder ist die Inflation schuld an den Lohnforderungen? Ursache und Wirkung lassen sich in einem vernetzten System oft nicht voneinander unterscheiden. Denn die einzelnen Systemteile wirken meist direkt oder indirekt auch wieder auf sich selbst zurück – Ursache und Wirkung verschmelzen. Die verschiedenen Arten solcher Rückwirkungen mit ihren z.T. ganz unterschiedlichen Effekten auf das Gesamtsystem erlebt der Besucher anhand der Exponate dieser Themengruppe.

9

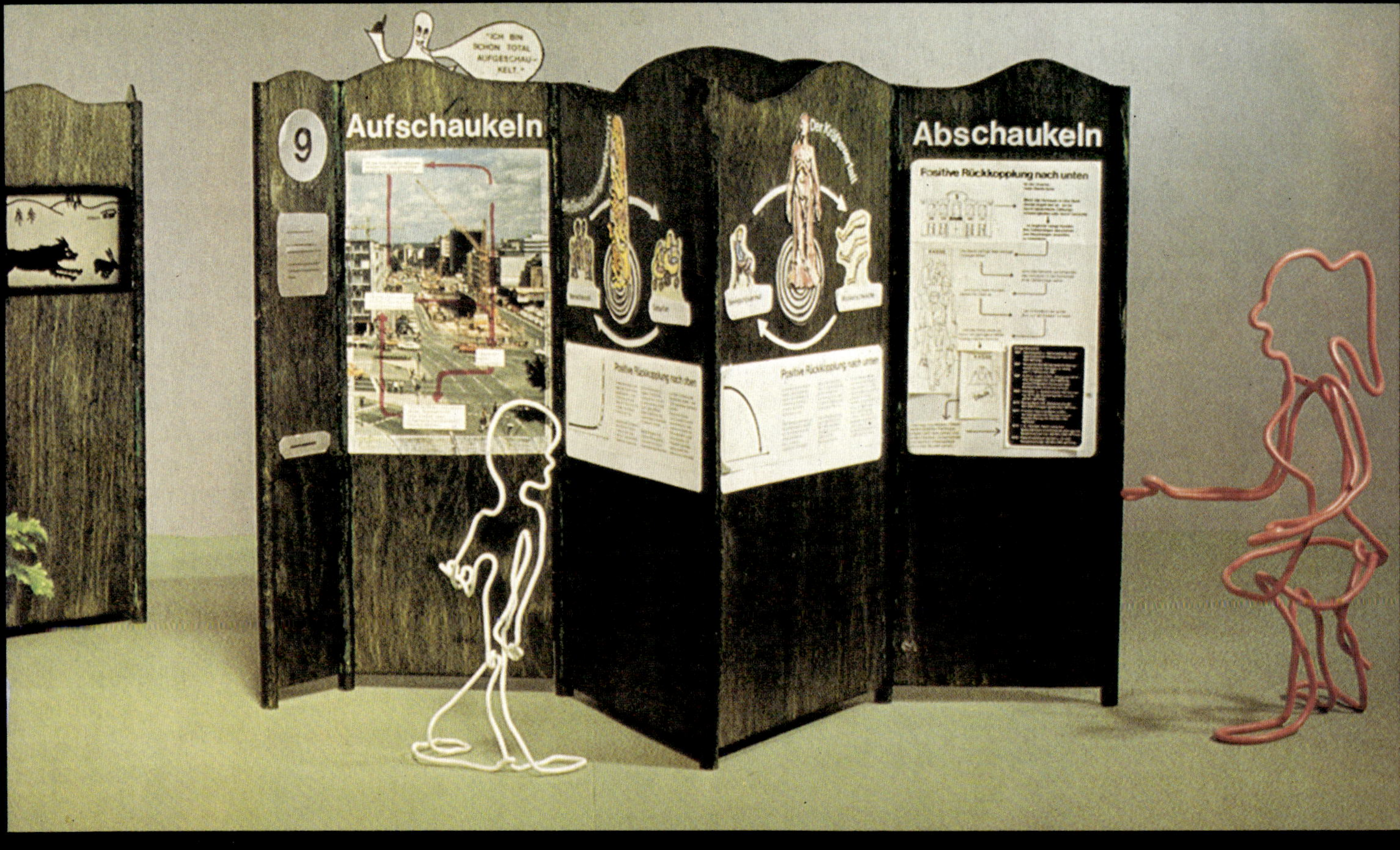

"ICH BIN SCHON TOTAL AUFGESCHAU-KELT."
9
Aufschaukeln
Abschaukeln
Positive Rückkopplung nach unten

Aufschaukeln - Abschaukeln

Thema: Positive Rückkoppelung

Positive Rückkoppelung entsteht, wenn Wirkung und Rückwirkung sich gegenseitig verstärken, also gleichgerichtet sind. Positive Rückkoppelung ist nötig, um in Systemen Dinge zum Laufen zu bringen. Sie muß jedoch immer einer übergeordneten Regulation gehorchen (negative Rückkoppelung). Tut sie es nicht, so können wahre Teufelskreise entstehen, die nicht mehr unter Kontrolle zu bringen sind.

Durch Bildtafeln wird am Beispiel der Bevölkerungsexplosion (Aufschaukeln) und des Kreislaufs zwischen Bewegungsmangel und Muskelerschlaffung (Abschaukeln) das Wesen der positiven Rückkoppelung demonstriert. Auf Fotodiagrammen von der Zersiedlung unserer Landschaft (Aufschaukeln) und der unaufhaltsamen Entwicklung mancher Bankzusammenbrüche (Abschaukeln) werden weitere Beispiele veranschaulicht.

Exponat 9

Aufschaukeln – Abschaukeln

Thema:
Positive Rückkoppelung

Themengruppe C:
Wie wirken die Dinge auf sich selbst zurück?

Modellbau:
Hannes Burkhardt, München

Sponsor:
Marketing Management Institut, Frankfurt.

9

Positive Rückkoppelung nach oben

Je mehr Menschen es gibt, desto mehr Kinder können gezeugt werden. Je mehr Kinder gezeugt werden, desto mehr Menschen wird es geben, die wiederum Kinder zeugen und so fort. Menschenzahl und Geburten schaukeln sich also immer schneller nach oben auf. Zwischen ihnen besteht sogenannte positive Rückkoppelung. Ergebnis: die Bevölkerungsexplosion. Wenn wir so weiterwachsen, würden sich im Jahre 2420 auf jedem Quadratmeter 50 Menschen drängen.
Das Endergebnis einer positiven Rückkoppelung nach oben ist immer ein explosionsartiges Wachstum. Und damit Zerstörung des betreffenden Systems – wenn nicht irgend etwas regulierend eingreift!

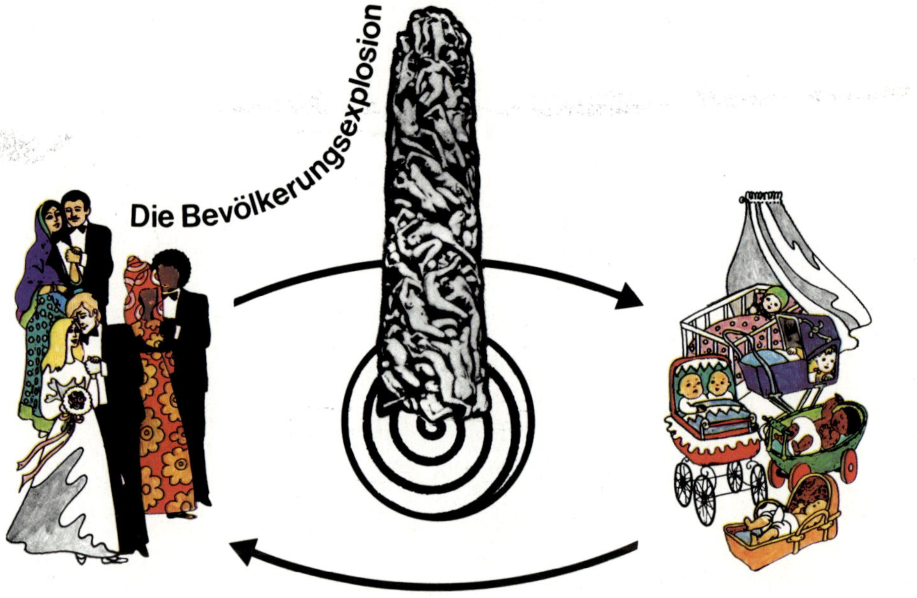
Die Bevölkerungsexplosion
Menschenzahl
Geburten

Die drehende Spirale beim Aufschaukeln symbolisiert den sich bildenden Menschenberg bei der Bevölkerungsexplosion. Sie strömt von unten nach oben in die Monumentalplastik von Vigeland hinein.

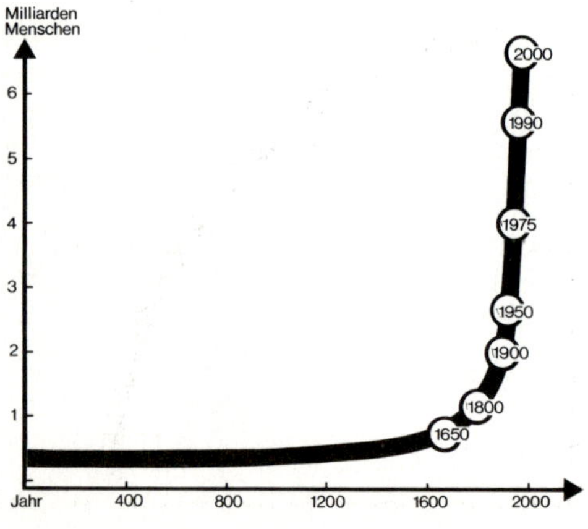
Milliarden Menschen
6
5
4
3
2
1
Jahr
400
800
1200
1600
2000
1650
1800
1900
1950
1975
1990
2000

Das gilt zum Beispiel auch für die immer raschere Zubetonierung einer Landschaft: Hier schaukeln sich Verkehrsbedarf und Zersiedlung gegenseitig auf. Die Auftrennung in Wohnen, Arbeiten und Erholen führt zu immer längeren Wegstrecken und steigendem Verkehrsbedarf, der sich ständig selbst multipliziert. Der Anteil an Verkehrs- und Parkflächen wächst an – auch in den Städten, wo immer weniger Platz zum Wohnen ist. Noch mehr Leute ziehen aus der Stadt und sind auf ein Auto angewiesen. Das führt zu weiterer Zersiedlung, zu mehr Verkehr, zu mehr Straßen, zu mehr Parkplätzen, zu weiteren Satellitenstädten und zum Wegfall von Naherholungsgebieten – positive Rückkoppelung bis zur Zerstörung des Lebensraums. Schon gehören dem Autoverkehr in Boston 40%, in München 50%, in Los Angeles 60% der Innenstadtfläche. Mit einem Bruchteil der Straßenbaukosten hätte ein öffentlicher Verkehr entstehen können, der diese Probleme löst.

9

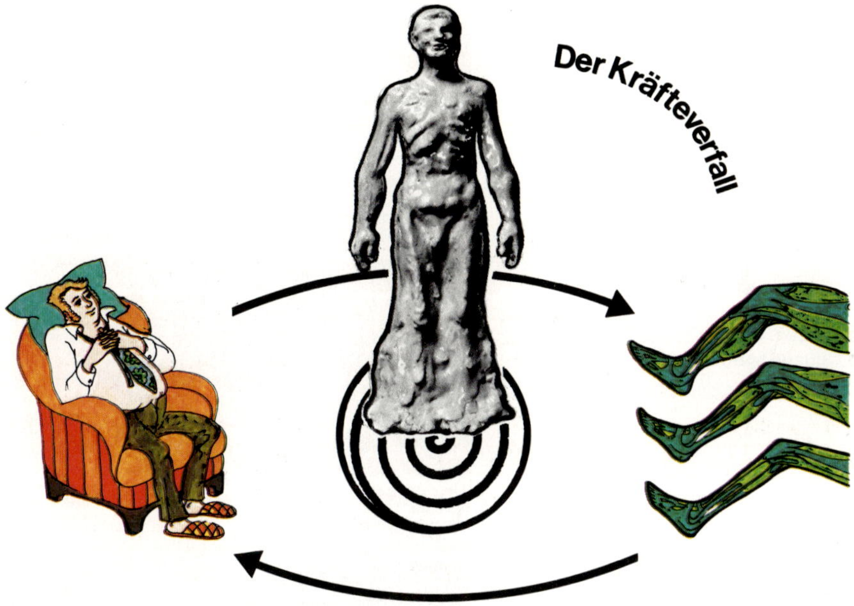

Der Kräfteverfall
Bewegungsarmut
Muskelschwäche

... beim „Abschaukeln" symbolisiert die Spirale - von oben nach unten strömend - den im Kräftezerfall „zerfließenden" Menschen.

Den gleichen Mechanismus haben wir auch beim sozialen Abstieg, z. B. durch die Rückkoppelung zwischen sinkender Sicherheit im Auftreten und sinkendem Erfolg. Und ebenso kennen wir ihn von vielen Bankpleiten:
Sinkt das Ansehen einer Bank, so beginnen einige Kunden ihre Geldeinlagen abzuziehen. Wird dies bekannt, so schwindet das Vertrauen weiter, und noch mehr Kunden heben ihr Geld ab, bis schließlich der große „Run" auf die Kassen einsetzt und die Bank pleite ist, bevor sie genügend Mittel flüssigmachen konnte.

Positive Rückkoppelung nach unten

Wenn wir uns wenig bewegen, werden unsere Muskeln schwach. Je schwächer die Muskeln, desto schwerer fällt uns jede Körperleistung. Wir bewegen uns noch weniger, die Muskeln geraten schließlich ganz aus der Übung, und die Bequemlichkeit erreicht ein Maximum. Kreislauf und Stoffwechsel nehmen Schaden. Über den Bewegungsmangel schaukeln sich also die Körperkräfte immer schneller ab – bis zu schweren körperlichen Störungen. Man schätzt, daß 1976 allein 25 000 Bundesbürger an Stoffwechsel- und Kreislaufstörungen infolge von Bewegungsmangel gestorben sind. Positive Rückkoppelung nach unten führt zu einem immer rascheren „Einfrieren", zum Stillstand, zum Tod: ein Abschaukeln bis zur Zerstörung des Systems – wenn nicht auch hier irgend etwas regulierend eingreift, zum Beispiel, indem man sich aufrafft, endlich Sport zu treiben.

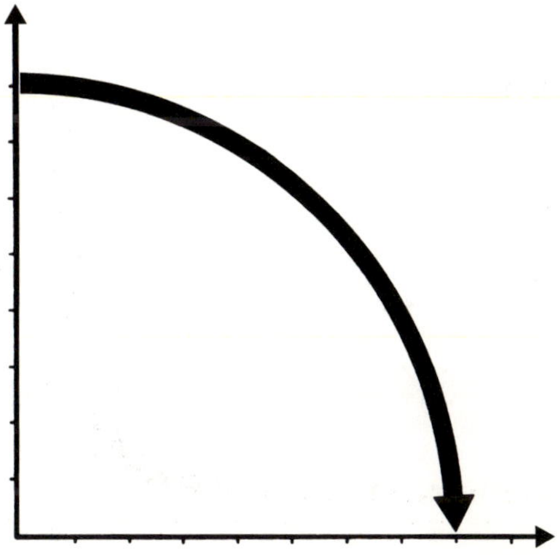

9

Positive Rückkopplung nach unten

ist die Ursache
vieler Bankkräche

$
BANK

Wenn das Vertrauen in eine Bank einmal angekratzt ist - sei es durch tatsächliche Zahlungsschwierigkeiten oder durch Gerüchte . .

. . so beginnen einige Kunden ihre Geldeinlagen abzuziehen und Neueinlagen woanders zu investieren.

KASSE

Die Bank verfügt über weniger flüssige Mittel

wird dies bekannt, so schwindet das Vertrauen in die Sicherheit einer Geldeinlage weiter . . .

. . und noch mehr Kunden ziehen ihr Geld ab . . .

. . bis schließlich der große „Run auf die Kassen“ einsetzt . .

. . und die Bank pleite ist, bevor sie genügend Mittel flüssig machen konnte.

KASSE
Pleite

Dies kann in manchen Fällen positive Rückkopplung nach sich ziehen und andere Banken, Unternehmen und letzlich Arbeitsplätze mit in den Strudel ziehen.

Einige Beispiele

1931 Darmstädter und Nationalbank. Innerhalb 8 Wochen Abzug von 560 Millionen RM → Pleite.
1931 Deutsche Bankkrise bewirkt Abzug ausländischer Einlagen in Höhe von 1,1 Milliarden RM.
1931 Kuhn und Loeb (USA). Abzug von 80% aller Einlagen bis 1933 → Pleite, worauf Präsident Roosevelt alle Bankschalter Amerikas schloß.
1950 Handels- und Verkehrsbank AG konnte nur 37% der Kundengelder zurückzahlen → Pleite.
1973 Bansa Bank AG. Zeitweise bis 90 Millionen DM Einlagen gefährdet → Pleite.
1974 Franklin National Bank (USA). Vorübergehender Devisenverlust bewirkt Abzug von 825 Millionen DM → Pleite.
1974 I. G. Herstatt. Nach riskanten Spekulationen zunehmende Abzüge bis Gesamtverlust von 480 Millionen DM → Pleite.
1976 Pfalz Kreditbank GmbH und Co. KG. Gesamtverluste 100 Millionen DM → Pleite.

Um das Schlimmste zu vermeiden, versucht man heute, die positive Rückkoppelung vor Eintreten allzu großer Verluste zu stoppen:
- durch frühzeitig erzwungene Schalterschließung,
- durch den Einsatz eines gemeinsamen „Foucrwchrfonds“.

Das entspricht zwar noch nicht der Selbstregulation durch einen übergeordneten Regelkreis, hält aber die Entwicklung innerhalb gewisser Grenzwerte. (Vgl. Exponat 8 und 12.)

Positive Rückkoppelung

Das gegenseitige Aufschaukeln von Löhnen und Preisen (die Lohn-/Preisspirale), das Beispiel von der zunehmenden Zersiedlung einer Landschaft (wo der Verkehr den Menschen verdrängt), die Rückkoppelung zwischen Mikrofon und Lautsprecher bis zum ohrenzerreißenden Pfeifton, das Argument des Trinkers („Ich trinke, weil ich mich schäme – und ich schäme mich, weil ich trinke"), das sich aufschaukelnde Verhältnis zwischen Drogensucht und der für einen „Trip" erforderlichen Menge und selbst mancher Ehekrach (ein Wort gibt das andere, beim letzten knallt die Tür) – all dies sind Beispiele für positive Rückkoppelung, für ein Aufschaukeln gleichgerichteter Wirkungen.

Ungebremst ginge die Zersiedlung bis zur totalen Betonlandschaft, die Bevölkerungsexplosion bis zur Erschöpfung von Lebensraum und Nahrungsquellen, die Drogeneinnahme bis zum Tod und der Ehekrach bis zur Scheidung oder gar zum Mord. Positive Rückkoppelung – ganz gleich, ob nach oben oder unten – kann daher sehr gefährlich sein. Wenn sie nicht durch negative Rückkoppelung kontrolliert ist (vgl. Exponat 10), führt sie immer zu tödlichen Grenzen für das entsprechende System. Deshalb muß man sie rechtzeitig erkennen; und je eher sie gebremst wird, desto sanfter erfolgt der Übergang in ein dauerhaftes Gleichgewicht.

Einer der dramatischsten Aufschaukelungsprozesse ist wohl die Kettenreaktion der Kernspaltung: Neutronen werden von Atomen eingefangen, spalten diese und setzen dabei mehr Neutronen frei, als ursprünglich vorhanden waren, die wiederum noch mehr Atome spalten. Oberhalb eines „Schwellwertes", der berühmten kritischen Masse (vgl. Exponat 8), multipliziert sich das Ganze in Sekundenbruchteilen und führt zur Atomexplosion. Unterhalb der kritischen Masse wird der Neutronenfluß dagegen rasch immer schwächer. Die Kettenreaktion stirbt ab. Im Kernreaktor muß daher knapp über den „Schwellwert" ein künstlicher „Grenzwert" gesetzt werden, um den Neutronenüberschuß wegzufangen. Für uns ein interessantes Beispiel, da hier Aufschaukeln, Abschaukeln, Schwell- und Grenzwerte gleichermaßen eine Rolle spielen.

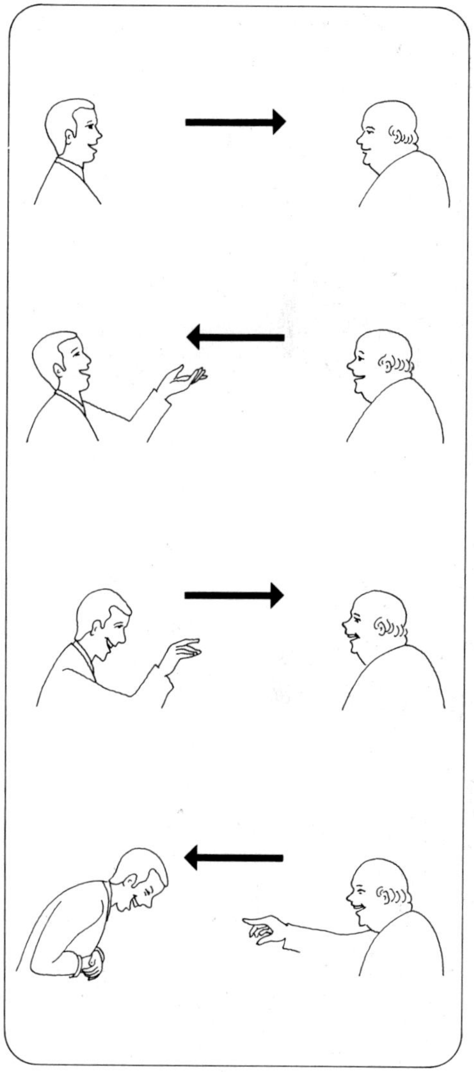

Auch das Aufschaukeln zu einer Lachsalve geschieht durch positive Rückkoppelung.

10

10
„Schatten-
theater"

Schattentheater

Thema: Negative Rückkoppelung

Negative Rückkoppelung ist einer der wichtigsten Kunstgriffe, mit denen sich natürliche Systeme – trotz existierender positiver Rückkoppelungen (vgl. Exponat 9) – am Leben erhalten. Denn negative Rückkoppelung führt zur Selbstregulation eines Systems.
Durch Drehen an einer Kurbel kann sich der Besucher das Prinzip der Selbstregulation durch einfache direkte Rückwirkung am Beispiel eines jagenden Raubtieres als Schattenspiel vor Augen führen.

An der Außenseite des Exponats zeigen Bildtafeln die Steuerung unserer Körpertemperatur an einem heißen Tag und ein entsprechendes Regelkreisschema.

Exponat 10

Schattentheater

Thema:
Negative Rückkoppelung

Themengruppe C:
Wie wirken die Dinge auf sich selbst zurück?

Modellbau und Sponsor:
Institut für die Pädagogik der Naturwissenschaften (IPN), Kiel.

10

Je schneller der Wolf läuft, desto mehr Hasen kann er fangen ... je mehr Hasen er fängt, desto dicker wird er ... desto langsamer kann er laufen ... desto weniger Hasen fängt er ... desto dünner wird er wieder ... um so schneller kann er wieder laufen ... wieder mehr Hasen fangen ... und so fort.

Eine solche *negative Rückwirkung* ist das Grundprinzip aller Regelkreise, mit dem sich Systeme in einem stabilen Gleichgewicht halten. Anders als bei der positiven Rückwirkung verstärken sich hier nicht Ursache und Wirkung gegenseitig, sondern die Wirkung hemmt wieder die Ursache. Wächst eine Größe, wie hier der Bauch des Wolfes, mit dem Jagen und Fressen der Beute stark an (gleichgerichtete Wirkung), so wird dadurch die Laufgeschwindigkeit des Wolfes wieder verringert, bzw. im umgekehrten Fall erhöht (entgegengerichtete Wirkung). Daher „negative“ Rückwirkung (hier ist also „negativ“ mal etwas Gutes!).

Unser Beispiel vom Wolf und dem Hasen entspricht einer sehr einfachen, direkten Rückwirkung. Eine Rückwirkung, die übrigens beim zivilisierten Menschen unterbrochen ist, weil ein dicker Mensch genauso leicht an seine Nahrung kommt wie ein dünner. Hier greifen dann höhere Regulationsmechanismen ein: entweder der eigene Wille oder auch eine Krankheit.

So haben wir viele Fälle, wo eine ehemalige negative Rückwirkung beseitigt wurde: durch künstliche Nahrungszufuhr, durch die Anlage von Tiefwasserbrunnen (vgl. Exponat 19), den Einsatz von Klimaanlagen oder den Bau immer breiterer Straßen. Doch dadurch machen wir jedesmal aus einem sich bisher selbst regulierenden Teilsystem bloß ein störanfälliges Glied – und überlassen die Regulation dem nächst größeren System. Leider garantieren dann die von dort eintreffenden Rückwirkungen aber nur dessen eigenes Überleben. Für das ehemalige Teilsystem können sie tödlich sein.

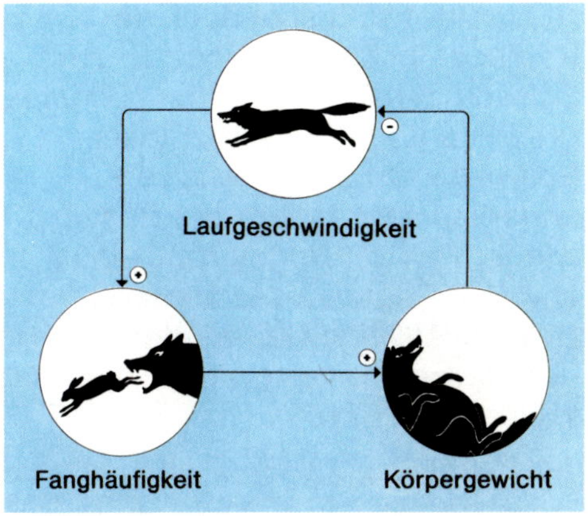
Laufgeschwindigkeit
Fanghäufigkeit
Körpergewicht

Ausschnitt aus dem Wirkungsnetz zwischen Raubtier, Beute und Pflanzennahrung

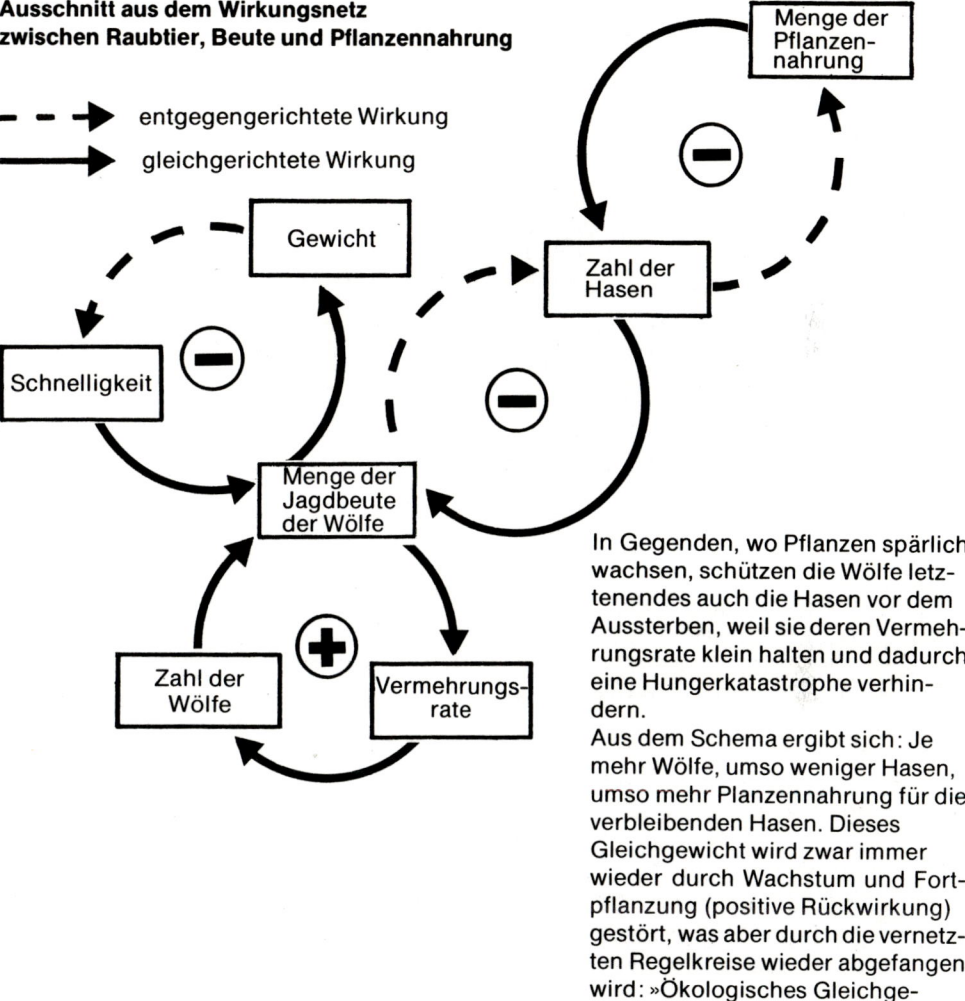

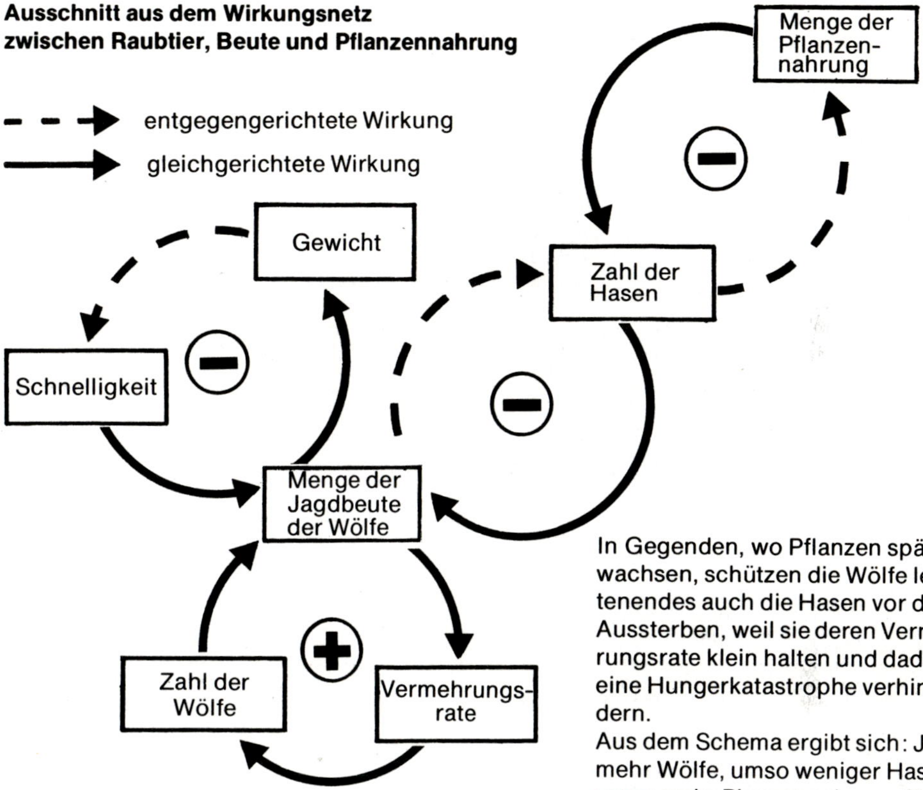
entgegengerichtete Wirkung
gleichgerichtete Wirkung
Menge der Pflanzen-nahrung
Gewicht
Zahl der Hasen
Schnelligkeit
Menge der Jagdbeute der Wölfe
Zahl der Wölfe
Vermehrungs-rate

In der Wirklichkeit regulieren sich natürlich nicht nur Gewicht und Geschwindigkeit des Wolfes über die Menge der gefangenen Hasen. Auch die Überlebungschance und Vermehrungsrate der Wölfe wird hierdurch beeinflußt. Und die Zahl der Hasen steht sowohl mit ihrer eigenen Vermehrung wie auch mit der verfügbaren Pflanzennahrung in Wechselwirkung.

Vier solcher Wirkungskreise, davon einer mit positiver Rückwirkung, sind hier als Wirkungsnetz abgebildet. Solche Wirkungsnetze spielen im ökologischen Gleichgewicht aller Tier- und Pflanzenarten eine große Rolle.

In Gegenden, wo Pflanzen spärlich wachsen, schützen die Wölfe letztenendes auch die Hasen vor dem Aussterben, weil sie deren Vermehrungsrate klein halten und dadurch eine Hungerkatastrophe verhindern.
Aus dem Schema ergibt sich: Je mehr Wölfe, umso weniger Hasen, umso mehr Planzennahrung für die verbleibenden Hasen. Dieses Gleichgewicht wird zwar immer wieder durch Wachstum und Fortpflanzung (positive Rückwirkung) gestört, was aber durch die vernetzten Regelkreise wieder abgefangen wird: »Ökologisches Gleichgewicht«.

Da in vielen Fällen direkte Rückwirkungen, wie hier, nicht vorhanden sind, benutzen Lebewesen sehr häufig indirekte Wege der Rückwirkung, die sogenannte *„Rückkoppelung“* über spezielle Informationskanäle. Die Größen wirken hier nicht direkt, sondern mittels *Nachrichten* aufeinander. Wir haben damit den klassischen Regelkreis der Techniker vor uns, der eigentlich ein Spezialfall des allgemeinen Regelkreises ist.

10

Negative Rückkopplung durch einen Regelkreis mit den wichtigsten Standardbezeichnungen.

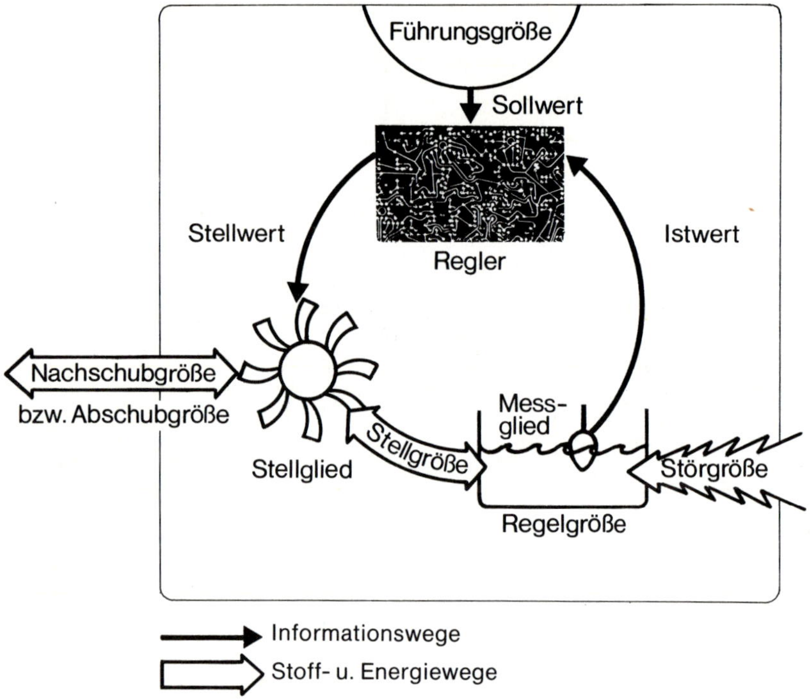
Führungsgröße
Sollwert
Stellwert
Regler
Istwert
Nachschubgröße
bzw. Abschubgröße
Mess-
glied
Stellgröße
Stellglied
Störgröße
Regelgröße
Informationswege
Stoff- u. Energiewege

Über Störgröße, Nachschubgröße und Sollwert ist das System mit der Außenwelt verbunden.

Ein solcher Regelkreis ist ein in sich geschlossener Kreislauf von Informationen, die zum Teil alleine, zum Teil mit dem Materie- oder Energiestrom übertragen werden.
Ein *Meßglied* mißt den Zustand der *Regelgröße* (= zu regelnde Größe) und meldet diesen *„Ist-Wert"* an den *Regler.*
Ist dieser Zustand durch einen Störfaktor, die *Störgröße,* verändert, dann gibt der *Regler* eine entsprechende Anweisung (den *Stellwert*) an das *Stellglied* weiter, welches dann die Störung über eine angemessene *Stellgröße* behebt.
Das zu regelnde System ist auf diese Weise mit sich selbst rückgekoppelt. Stellt das Meßglied einen zu hohen Wert fest, so wird dieser über das Stellglied wieder verringert. Ist der Wert zu niedrig, so wird er erhöht: *negative Rückkoppelung.*

Nun richtet sich aber auch der Regler selbst wieder nach einem *Sollwert,* der ihm von einer *Führungsgröße* vorgegeben wird. Dieser Sollwert kann seinerseits veränderlich sein, indem er z. B. selbst wieder von der Regelgröße eines anderen Regelkreises abhängt. Dessen Ist-Wert mag wiederum der Stellwert eines dritten Regelkreises sein usw.

Beispiele für eine Regelung durch negative Rückkoppelung finden wir bei der indirekten Steuerung bestimmter Hormonkonzentrationen durch unser vegetatives Nervensystem, bei der Regelung des Wasserstands durch ein Kanalsystem, der Benzinzufuhr durch den Schwimmer im Vergaser, des Gleichlaufs einer Turbine durch einen Fliehkraftregler, bei der Blutdruck- und Blutzuckerregelung und bei der Einhaltung der Körpertemperatur eines Lebewesens.

Durch *direkte* negative Rückwirkung dagegen geschieht das Einpendeln zwischen öffentlichem und Individualverkehr über die Verstopfung der Straßen, die Steuerung des Verhaltens eines Parteimitglieds, die Regelung der Preise durch Angebot und Nachfrage und die Einstellung vieler ökologischer Gleichgewichte wie etwa bei unserem anfänglichen Beispiel vom Raubtier und seiner Beute.

Ein heisser Tag...

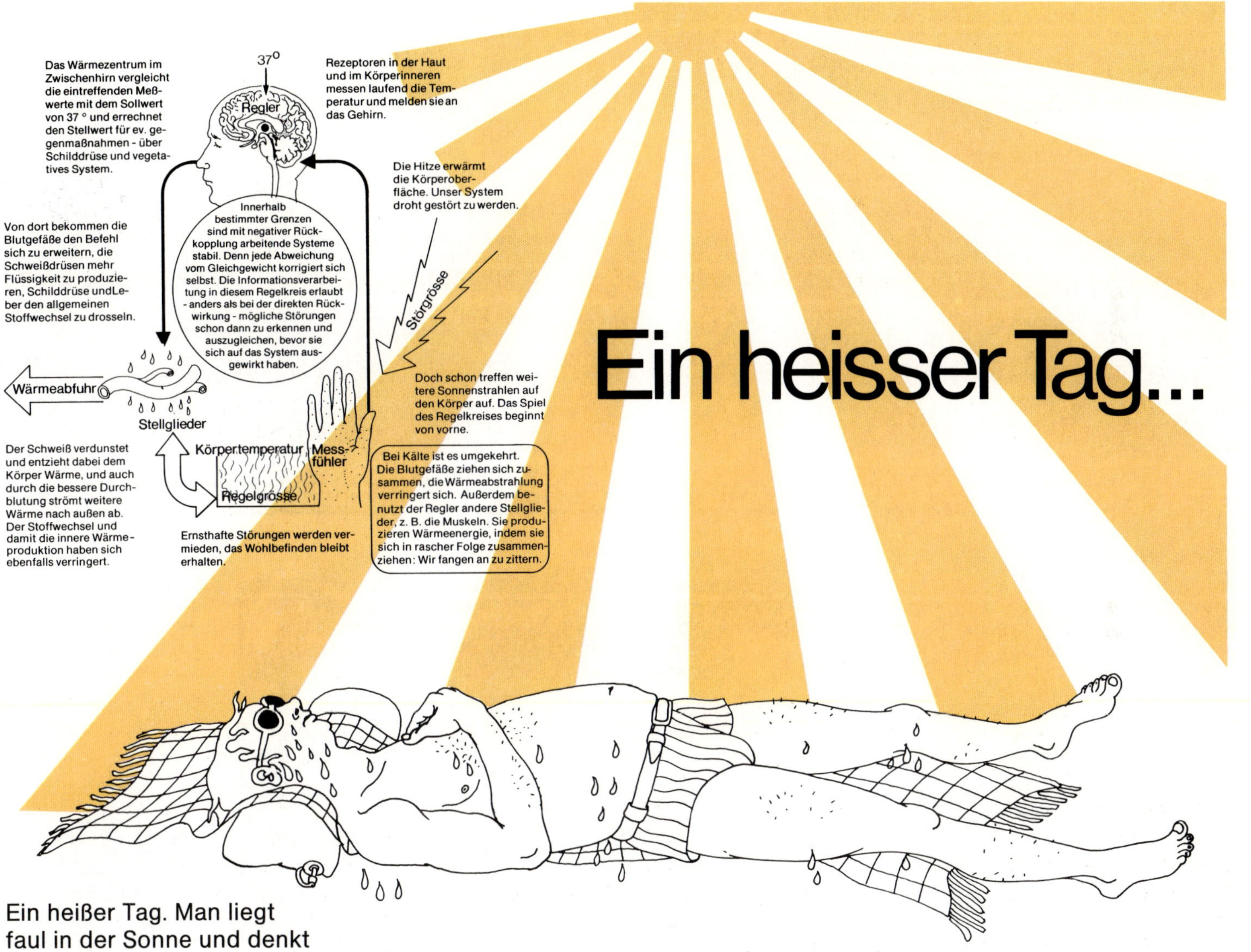
Das Wärmezentrum im Zwischenhirn vergleicht die eintreffenden Meßwerte mit dem Sollwert von 37 ° und errechnet den Stellwert für ev. gegenmaßnahmen - über Schilddrüse und vegetatives System.
37°
Regler
Rezeptoren in der Haut und im Körperinneren messen laufend die Temperatur und melden sie an das Gehirn.
Die Hitze erwärmt die Körperoberfläche. Unser System droht gestört zu werden.
Von dort bekommen die Blutgefäße den Befehl sich zu erweitern, die Schweißdrüsen mehr Flüssigkeit zu produzieren, Schilddrüse undLeber den allgemeinen Stoffwechsel zu drosseln.
Innerhalb bestimmter Grenzen sind mit negativer Rückkopplung arbeitende Systeme stabil. Denn jede Abweichung vom Gleichgewicht korrigiert sich selbst. Die Informationsverarbeitung in diesem Regelkreis erlaubt - anders als bei der direkten Rückwirkung - mögliche Störungen schon dann zu erkennen und auszugleichen, bevor sie sich auf das System ausgewirkt haben.
Störgrösse
Wärmeabfuhr
Stellglieder
Doch schon treffen weitere Sonnenstrahlen auf den Körper auf. Das Spiel des Regelkreises beginnt von vorne.
Der Schweiß verdunstet und entzieht dabei dem Körper Wärme, und auch durch die bessere Durchblutung strömt weitere Wärme nach außen ab. Der Stoffwechsel und damit die innere Wärmeproduktion haben sich ebenfalls verringert.
Körpertemperatur
Messfühler
Regelgrösse
Bei Kälte ist es umgekehrt. Die Blutgefäße ziehen sich zusammen, die Wärmeabstrahlung verringert sich. Außerdem benutzt der Regler andere Stellglieder, z. B. die Muskeln. Sie produzieren Wärmeenergie, indem sie sich in rascher Folge zusammenziehen: Wir fangen an zu zittern.
Ernsthafte Störungen werden vermieden, das Wohlbefinden bleibt erhalten.

Ein heißer Tag. Man liegt faul in der Sonne und denkt an nichts.

Nur einer arbeitet auf Hochtouren. Der menschliche Körper. Wenn er nichts gegen die Hitze täte, wäre er in zwei Stunden tot.

Er wirkt mit Höchstleistung an verschiedenen Einsatzorten und über eine exakt eingespielte Organisation.

Dazu gebraucht er wie jeder lebende Organismus eine Wunderwaffe gegen Störungen: Das System seiner Regelkreise.

Das Blasenspiel
11

Blasenspiel

Thema: Qualitatives Wachstum

Qualitatives Wachstum bietet für ein System große Entfaltungsmöglichkeiten. Quantitatives Wachstum dagegen nur die Monotonie eindimensionaler Bewegung.
Den Unterschied zwischen diesen beiden Arten des Wachstums erlebt der Besucher an zwei mit Flüssigkeit gefüllten Gefäßen. In dem einen kann er eine Flüssigkeitssäule nur ansteigen und wieder abfließen lassen. In dem anderen Gefäß (mit zwei nicht mischbaren Flüssigkeiten) bleibt die Menge gleich, während aus den Bestandteilen immer neue Farben und Formen erwachsen.

Weitere Beispiele für das dort veranschaulichte Prinzip sind auf Bildtafeln dargestellt: Intelligenz entsteht nicht durch weiteres Wachstum und Vermehrung von Gehirnzellen, sondern durch deren Organisation. Die Lebensqualität und Attraktivität einer Gemeinde wird nicht durch die Anzahl ihrer Häuser, sondern durch deren Art und Anordnung bestimmt.

Exponat 11

Blasenspiel

Thema:
Qualitatives Wachstum

Themengruppe C
Wie wirken die Dinge auf sich selbst zurück?

Modellbau:
Hannes Burkhardt, München

Sponsor:
Stiftung Mittlere Technologie, Kaiserslautern

11

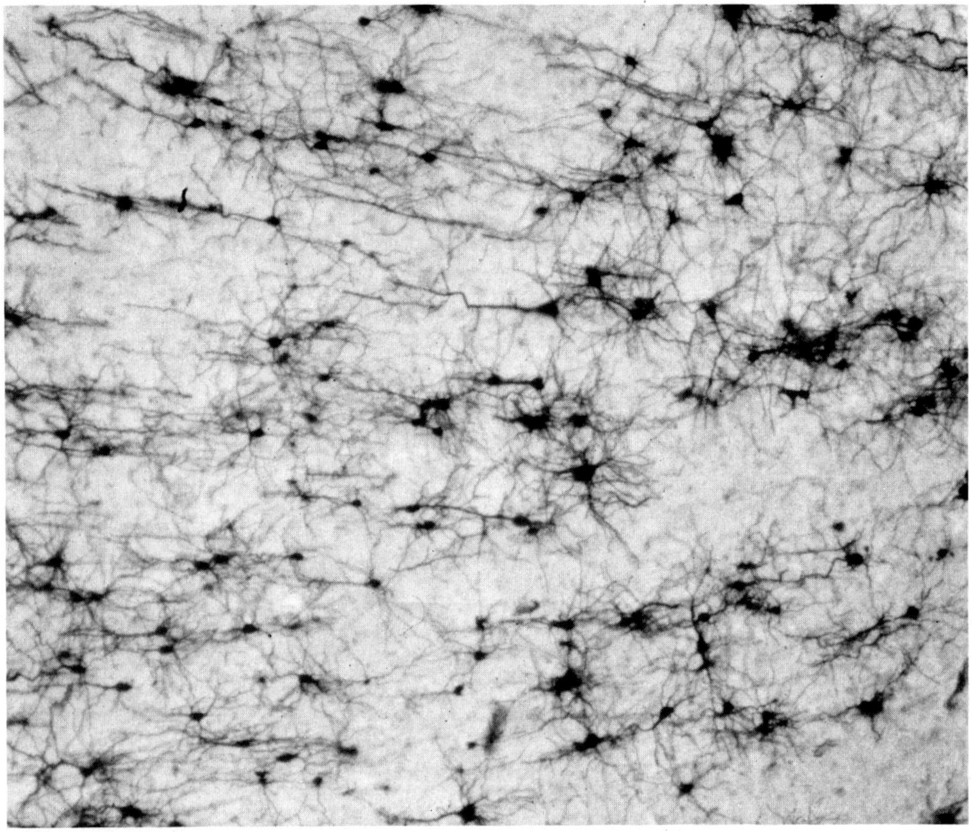

Ausschnitt aus der grauen Hirnrinde in 200facher Vergrößerung.

Es gibt ein Naturgesetz: Je höher die Funktion, desto geringer das quantitative, das Mengenwachstum.

So entsteht eine der höchsten Funktionen, nämlich Intelligenz nicht durch Wachstum von Gehirnzellen, sondern im Gegenteil erst dann, wenn sie aufgehört haben, sich zu vermehren, und zwar durch ihre Organisation und Differenzierung.

Damit das Denken möglichst früh beginnen kann, ist das Wachstum der 15 Milliarden Gehirnzellen eines Menschen und ihrer Verbindungsfasern von 500 000 km Gesamtlänge (!) in der Tat schon nach der Säuglingszeit praktisch abgeschlossen. Fazit: Der menschliche Organismus ist klüger als die menschliche Gesellschaft; er hört rechtzeitig auf zu wachsen!

Qualitatives Wachstum

Viele Zweige unserer Industriegesellschaft haben sich mit Haut und Haaren dem eindimensionalen quantitativen Wachstum verschrieben. Ein Wachstum, welches vorübergehend und zu bestimmten Zeiten (Wiederaufbau, Übergänge auf andere Wirtschaftsformen) durchaus sinnvoll sein mag, das jedoch unweigerlich zum Bankrott führt, wenn es nicht bald wieder in ein stabiles Fließgleichgewicht und damit in qualitatives Wachstum übergeht.

Soll ein System langfristig funktionieren und größte Freiheit der Entfaltung für seine Individuen bieten, so gelingt dies nur durch rechtzeitiges Umschwenken vom quantitativen Mengenwachstum auf ein qualitatives Wachstum in Struktur und Gestalt.

Nur ein solches Wachstum ist frei von Zwängen, jederzeit an Umweltveränderungen anpassungsfähig und von entsprechend geringer Störanfälligkeit – ganz abgesehen davon, daß es sich im Gegensatz zum quantitativen oder gar exponentiellen Wachstum (vgl. Exponate 7, 9 und 12) nicht selbst „das Wasser abgräbt".

11

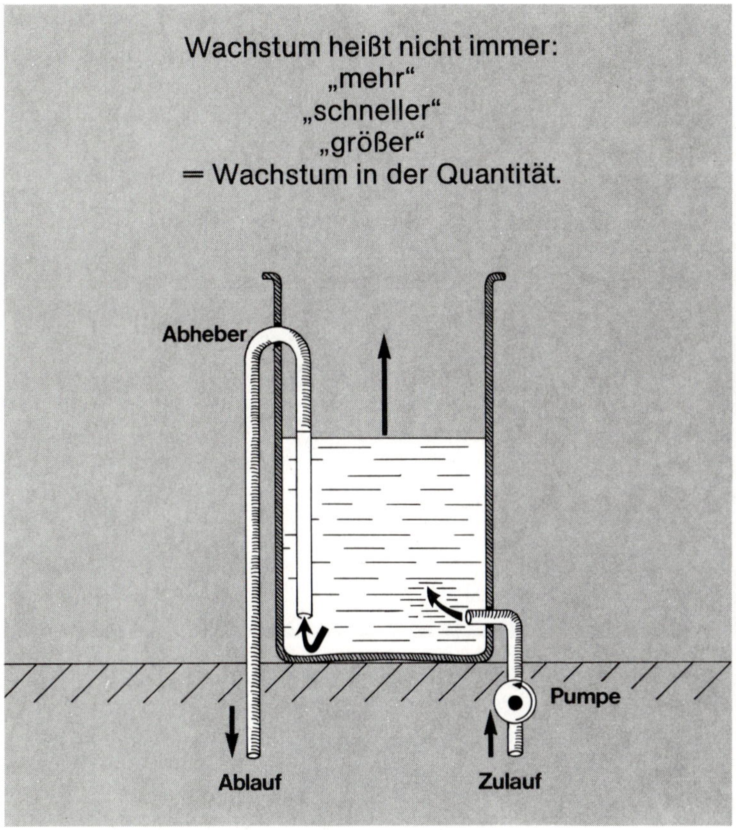
Wachstum heißt nicht immer:
„mehr“
„schneller“
„größer“
= Wachstum in der Quantität.
Abheber
Pumpe
Ablauf
Zulauf

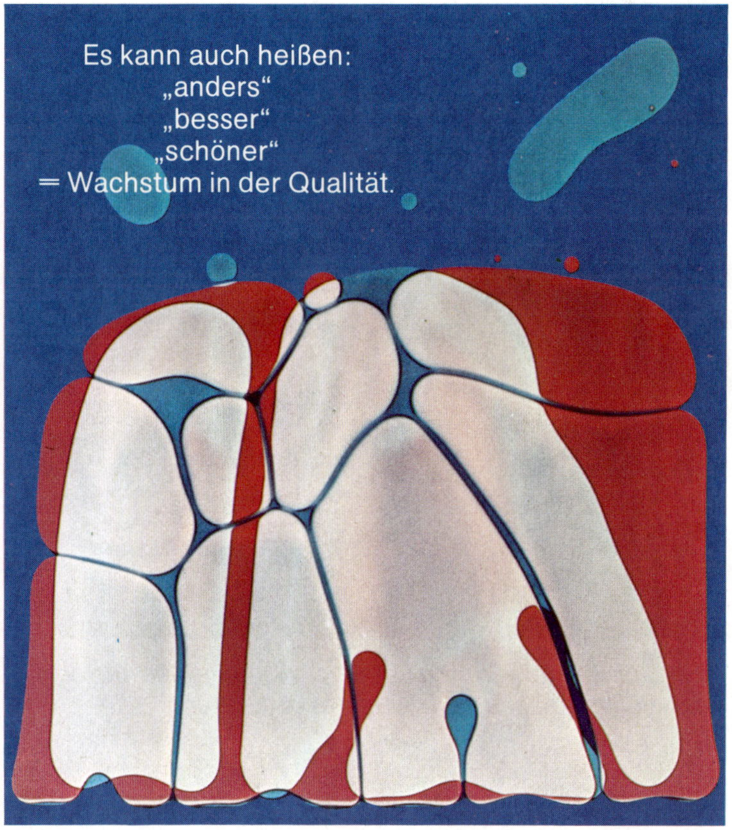
Es kann auch heißen:
„anders“
„besser“
„schöner“
= Wachstum in der Qualität.

Kurbelt man im Exponat das Wachstum an, indem man Wasser hinzupumpt, so steigt dort nur die Flüssigkeitssäule an – bis zum Überlauf. Das Gefäß läuft leer, und es geht wieder von neuem los. Sonst ändert sich nichts. Dies entspricht quantitativem Wachstum.

Genauso wächst ein Sparkonto, der Umsatz einer Firma, die Einwohnerzahl einer Stadt – und nicht zuletzt jedes Krebsgewebe.

„...ich bau' auf qualitatives Wachstum! – Sie auch?“

Sorgt man im anderen Fall für einen geringfügigen Temperaturunterschied zwischen oben und unten, so „wächst“ – obgleich die Flüssigkeitsmenge gleichbleibt – ununterbrochen eine Vielfalt von Formen und Farben heran. Dies entspricht qualitativem Wachstum.

So „wächst“ eine Raupe zum Schmetterling, eine leere Leinwand zum Gemälde, wachsen Buchstaben zu einem Gedicht.

11

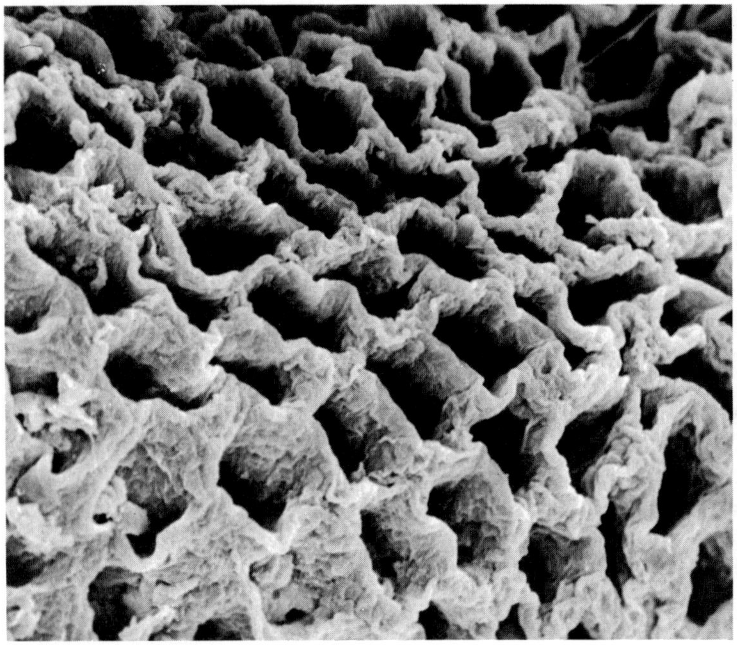

Blick auf die geordneten Zellverbände einer normalen Darmschleimhaut in 800facher Vergrößerung.

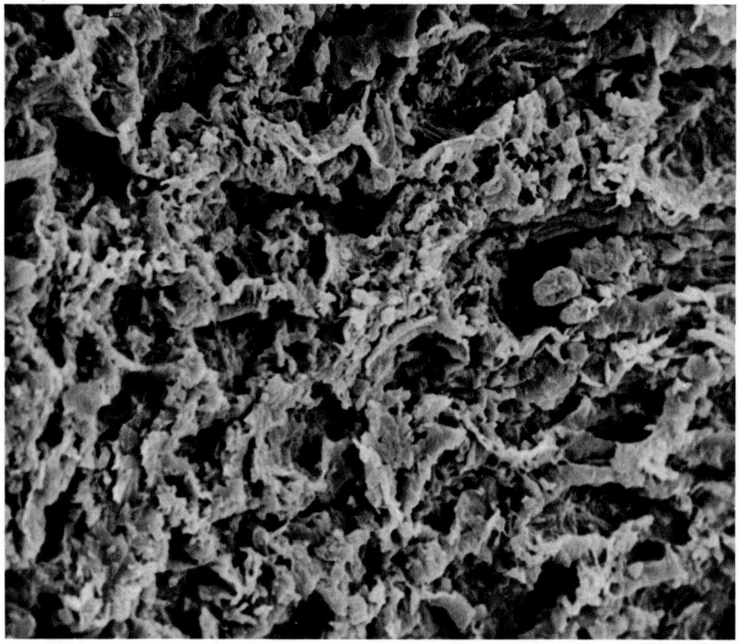

In gleicher Vergrößerung die vollkommene Zerstörung der Schleimhautstruktur bei einem rasch wachsenden Dickdarmkarzinom.

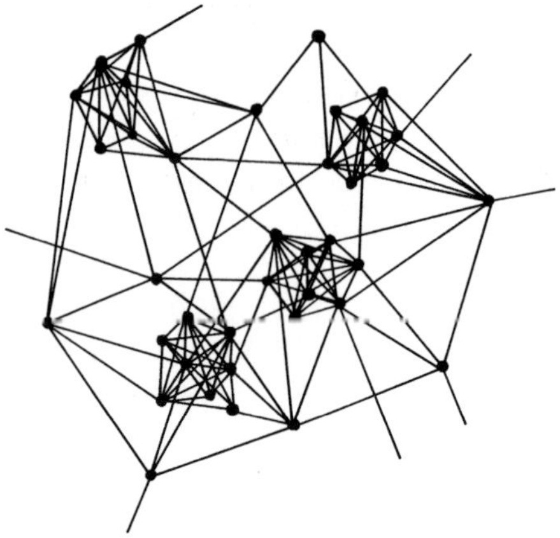

strukturierte Vernetzung

Die Stabilität und Überlebensfähigkeit eines Systems verlangt – gerade wenn es größer wird – nicht blindes mengenmäßiges Wachstum mit einer chaotischen Vernetzung, sondern die Bildung von Teilsystemen mit einer übergeordneten Struktur. Offensichtlich hat sich deshalb auch das Leben auf dieser Erde nicht als ein durchgehender Plasmahaufen auf dem Globus ausgebreitet, sondern zu einer Vielfalt von Arten entwickelt – strukturiert in einzelne Individuen, Organe, Gewebe und Zellen (vgl. Exponat 3).

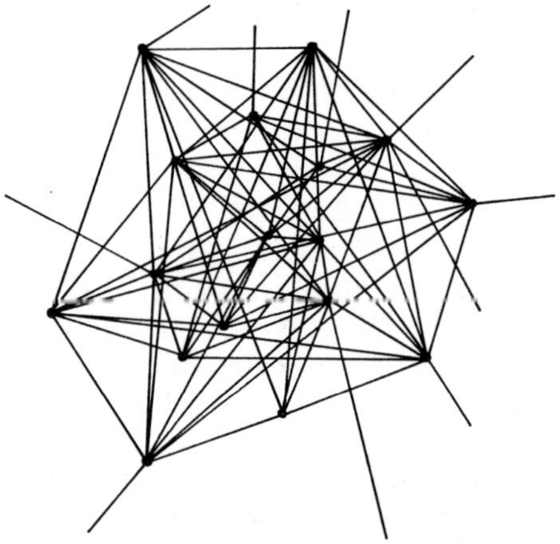

unstrukturierte Vernetzung

Auf dem Wirtschaftssektor bedeutet qualitatives Wachstum eine ständige Sanierung des Gesamtsystems durch innere Neustrukturierung. Es bedeutet Kleinräumigkeit statt Gigantomanie, eine Vielfalt von Untersystemen statt Monotonie und die Schaffung von Teilsystemen, die ihre Probleme durch Selbststeuerung meistern können, ohne andere Systeme – vor allem das biologische System des Menschen – zu beeinträchtigen. Nur dann sind auch diese Systeme letztlich profitabel. Das betrifft die Entwicklung von Transportsystemen und Wirtschaftszweigen ebenso wie diejenige der Energieversorgung oder die Entwicklung einzelner Gemeinden. Saas-Fee und Saint-Tropez könnten dann auch in Zukunft attraktive Ferienorte bleiben. Denn Lebensqualität und Attraktivität einer Gemeinde werden nicht durch die Menge ihrer Häuser, sondern durch deren Funktion, Gestaltung und Anordnung im Gesamtsystem bestimmt. Nur so halten sich Bettenkapazität und -nachfrage die Waage.

Höhere Lebensqualität läßt sich gerade hier nicht durch bloßes Mengenwachstum erreichen – z. B. durch verstärkten Wohnungsbau, Hotelpaläste und mehr Apartmenthäuser. Hier liegt der Irrtum vieler Politiker und Wirtschaftler, die meinen, ein „mehr" sei schon ein „besser". Nur allzuoft kann dies auch für die Gemeinden – durch rückläufige Nachfrage bei wachsenden Folgekosten – nach einem kurzen Boom ins Chaos führen.

Die steigende finanzielle Verschuldung unzähliger Gemeinden hat dies schon zur Genüge bewiesen.

Themengruppe D:

Wenn man Zusammenhänge mißachtet

Betrachtet man die Dinge nur in ihrem engeren Umkreis – auch wenn man sie noch so genau erfaßt –, so werden wichtige Wechselwirkungen durch den zu engen Horizont durchschnitten. Wirkungen, die erst im größeren Systemzusammenhang sichtbar werden.

Rückschläge und Zwänge treten auf, deren Hintergrund wir nicht oder zu spät erkennen. Wir verstricken uns in Teufelsspiralen, weil unser Horizont auf Ressorts, auf Branchen und auf Fachbereiche beschränkt ist und das eigentliche Geschehen und seine Gesetzmäßigkeiten nicht erkennt.

An typischen Beispielen aus verschiedenen Bereichen unserer Zivilisation werden die Folgen einer solchen Mißachtung von Zusammenhängen komplexer Systeme demonstriert.

Wachstums-
kurven
12

Wachstumskurven

Thema: Unvernetztes Denken beim Wachstum

Wachstumsvorgänge sind zunächst die Folge positiver Rückkoppelung. Solange das System selbst sein Wachstum kontrolliert, führt dies unter allmählicher Verlangsamung zu einem Grenzwert, z.B. beim Wachstum des Menschen. Der Verlauf dieses organischen Wachstums entspricht einer sogenannten logistischen Kurve.

Durch Übersteuerung werden die Grenzwerte oft überschritten. Man gerät an neue Grenzwerte – oft an solche eines übergeordneten Systems – was weit weniger sanfte Gegenreaktionen auslöst. Starke Schwingungen treten auf – man denke z.B. an den Schweinezyklus – und man kommt ins Schleudern. Ohne übergeordnete Kontrolle – z.B. beim künstlichen Aufheben aller Grenzwerte – führt jedes Wachstum zur Katastrophe. Das System bricht zusammen – wie nach der Leistungssteigerung eines Sportlers durch Doping: die exponentielle Wachstumskurve führt in einem steilen Knick nach unten.

Durch mehrere Kurbeln, die mit unterschiedlichen Kupplungen arbeiten, kann der Besucher verschiedene Wachstumskurven selbst zum Erleuchten bringen und so drei Arten des Wachstums sichtbar und spürbar erleben. Die zugeordneten Bildtafeln zeigen an Beispielen, wie das Ergebnis solcher Wachstumsvorgänge in der Wirklichkeit aussieht.

Exponat 12

Wachstumskurven

Thema:
Unvernetztes Denken beim Wachstum

Themengruppe D:
Wenn man Zusammenhänge mißachtet.

Modellbau:
Hannes Burkhardt, München

Sponsor:
Gottlieb-Duttweiler-Institut, Zürich-Rüschlikon

12

Die Sache mit dem organischen Wachstum

Seine Besonderheit:
Es tritt nur vorübergehend auf und trägt den nächsten Wachstums-stopp schon in sich – z.B. beim menschlichen Organismus.

Logistisches Wachstum

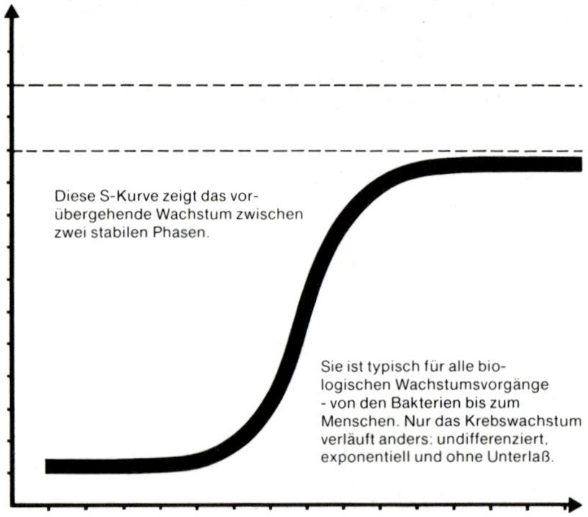

Diese S-Kurve zeigt das vorübergehende Wachstum zwischen zwei stabilen Phasen.
Sie ist typisch für alle biologischen Wachstumsvorgänge - von den Bakterien bis zum Menschen. Nur das Krebswachstum verläuft anders: undifferenziert, exponentiell und ohne Unterlaß.

Nach einer langen „stationären" Phase im Keimzustand löst die Befruchtung vorübergehend ein exponentielles Wachstum aus.

Rasch wächst der Embryo heran. Doch schon vor der Geburt beginnt die Kurve wieder flacher zu werden

und erreicht unter immer stärkerer Differenzierung des Lebewesens dann schließlich ihren Grenzwert.

Der Mensch ist „erwachsen". Eine neue stationäre Phase ist erreicht:

ein Fließgleichgewicht, bei dem genauso viele Zellen absterben wie jeweils neu entstehen.

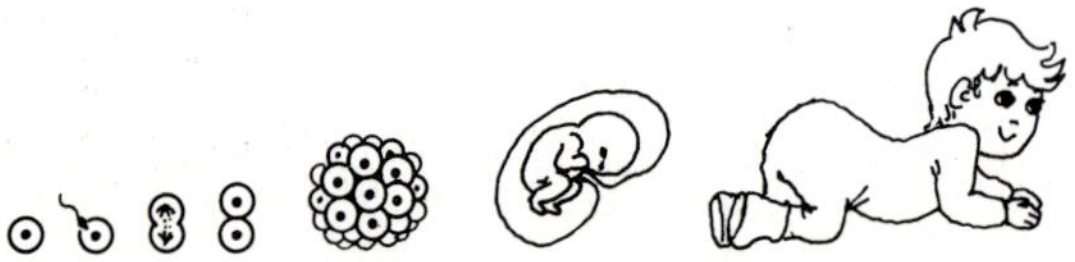

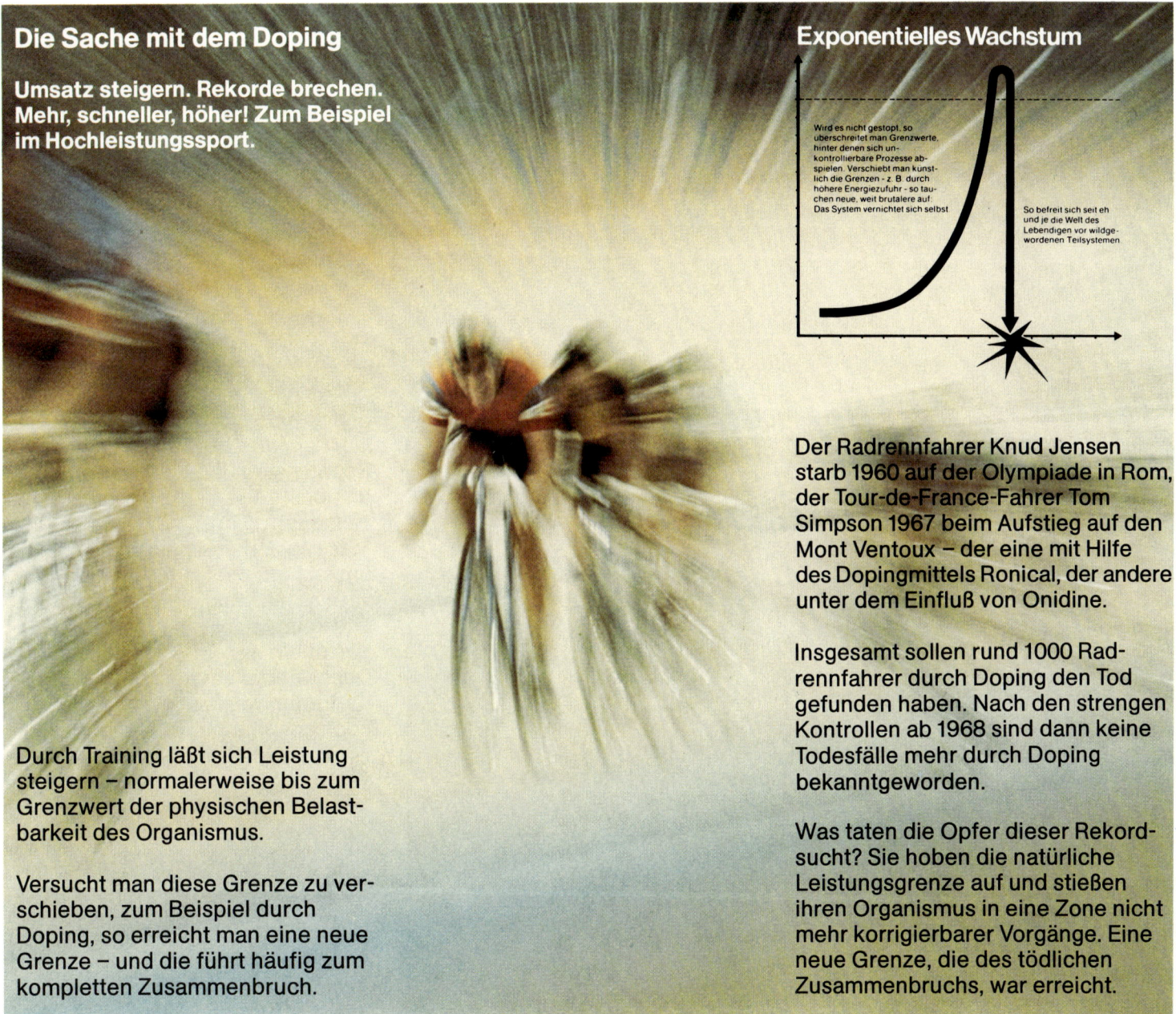

Die Sache mit dem Doping

Umsatz steigern. Rekorde brechen. Mehr, schneller, höher! Zum Beispiel im Hochleistungssport.

Durch Training läßt sich Leistung steigern – normalerweise bis zum Grenzwert der physischen Belastbarkeit des Organismus.

Versucht man diese Grenze zu verschieben, zum Beispiel durch Doping, so erreicht man eine neue Grenze – und die führt häufig zum kompletten Zusammenbruch.

Exponentielles Wachstum

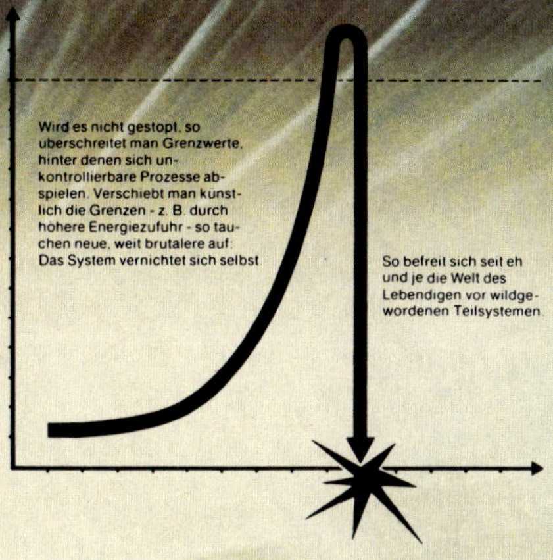

Wird es nicht gestopt, so uberschreitet man Grenzwerte, hinter denen sich unkontrollierbare Prozesse abspielen. Verschiebt man kunstlich die Grenzen - z. B. durch hohere Energiezufuhr - so tauchen neue, weit brutalere auf: Das System vernichtet sich selbst.
So befreit sich seit eh und je die Welt des Lebendigen vor wildgewordenen Teilsystemen.

Der Radrennfahrer Knud Jensen starb 1960 auf der Olympiade in Rom, der Tour-de-France-Fahrer Tom Simpson 1967 beim Aufstieg auf den Mont Ventoux – der eine mit Hilfe des Dopingmittels Ronical, der andere unter dem Einfluß von Onidine.

Insgesamt sollen rund 1000 Radrennfahrer durch Doping den Tod gefunden haben. Nach den strengen Kontrollen ab 1968 sind dann keine Todesfälle mehr durch Doping bekanntgeworden.

Was taten die Opfer dieser Rekordsucht? Sie hoben die natürliche Leistungsgrenze auf und stießen ihren Organismus in eine Zone nicht mehr korrigierbarer Vorgänge. Eine neue Grenze, die des tödlichen Zusammenbruchs, war erreicht.

12

Die Sache mit dem Kartoffelpreis

Wenn Kartoffeln knapp sind, gehen die Preise hoch. Immer mehr Bauern pflanzen nun Kartoffeln an. Das System beginnt zu übersteuern.

Zyklisches Wachstum

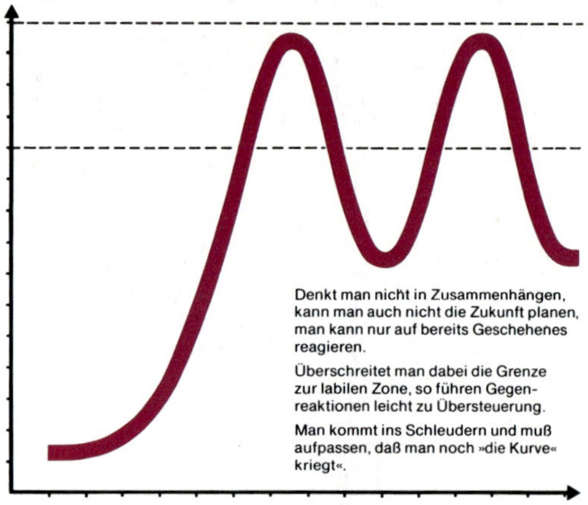

Denkt man nicht in Zusammenhängen, kann man auch nicht die Zukunft planen, man kann nur auf bereits Geschehenes reagieren.
Überschreitet man dabei die Grenze zur labilen Zone, so führen Gegenreaktionen leicht zu Übersteuerung.
Man kommt ins Schleudern und muß aufpassen, daß man noch »die Kurve« kriegt«.

KARTOFFEL
VERKAUF

Schon bald gibt's die Kartoffelschwemme: Der Grenzwert des Bedarfs wird überschritten, und die Preise beginnen rapide zu fallen.
Man reagiert verspätet, doch dafür um so heftiger: Ernten werden vernichtet, um die Preise zu halten, und kaum einer pflanzt noch Kartoffeln an.
Doch wieder hat man übersteuert. Kartoffeln werden jetzt vielleicht noch knapper und viel teurer als das erste Mal. Und erneut reagieren die Bauern: Forcierter Anbau folgt. Der Markt wird überschwemmt, die Preise fallen diesmal in den Keller. Einige Bauern stehen vor dem Ruin.
Der Staat greift „antizyklisch" in die Berg-und-Talfahrt ein, um schlimmere Katastrophen zu vermeiden. Fazit: Verluste für alle, für Verbraucher, Produzenten und Staat!

12

Die Vernichtung von Nahrungsmitteln, um die Preise zu halten, ist eine häufig geübte antizyklische Praxis – wenn man Zusammenhänge mißachtet hat.

Übrigens:
Die Zuwendung an öffentlichen Mitteln zum Abfangen der Produktionsüberschüsse betragen in manchen Jahren über 80 Prozent der Gesamtzuwendungen für die Landwirtschaft.

Während hier eine übergroße britische Tomatenernte wegen Transportschwierigkeiten vernichtet werden mußte, geht es in anderen Fällen von Nahrungsmittelvernichtung meist darum, das Angebot zu verringern, um die Preise hoch zu halten.

13

14
Das faule Ei
desKolumbus
13

Das faule Ei des Kolumbus

Thema: Unvernetztes Denken in der Energiepolitik

Eindimensionales Denken beengt nicht nur unseren Horizont, sondern führt oft auch in die Irre. Man kann ein Problem noch so genau und von noch so vielen Seiten betrachten, solange man seine Wechselwirkungen nicht als Ganzes sieht, stellt sich das Problem falsch dar. Man kommt zu Scheinlösungen, die meist kostspielig sind und dem eigentlichen Anliegen letztlich sogar zuwiderlaufen – so zum Beispiel in der Energieversorgung.

Der Besucher erlebt die „Erweiterung seines Horizonts" durch Umblättern eines überdimensionalen Bilderbuchs. Hier wird von Seite zu Seite durch immer mehr „Fenster" ein immer größeres Netz von Wechselwirkungen freigelegt, wie es eine zunehmende Stromerzeugung durch Kernkraftwerke nach sich zöge.

Exponat 13

Das faule Ei des Kolumbus

Thema:
Unvernetztes Denken in der Energiepolitik

Themengruppe D
Wenn man Zusammenhänge mißachtet

Modellbau:
Bruni AG, Glattburg

Sponsor:
Stiftung Mittlere Technologie, Kaiserslautern

13

Unvernetztes Denken ergibt einfache Antworten. Sie sind bequem, weil ungetrübt durch indirekte Folgen und Rückwirkungen im Gesamtsystem. Doch sie sind auch trügerisch und darum gefährlich, weil man auf diese Weise niemals ein zutreffendes Bild der vernetzten Wirklichkeit erhält. Ein aktuelles Beispiel bietet die Kernenergie.

Man hört zwar viel von den umstrittenen Sicherheitsfragen und der gewaltigen Hypothek sich aufstapelnder radioaktiver Abfälle. Schon weniger spricht man von dem einmal nötigen umfassenden Polizeischutz gegen eine neue Dimension von Sabotagen und Terrorakten mit all seinen Folgen für unsere Demokratie und am wenigsten von den riskanten volkswirtschaftlichen Konsequenzen einer forcierten Kernenergiepolitik – eher vom Gegenteil:

Die Vorteile des Atomstroms

▸ Geringere Umweltbelastung als bei fossilen Kraftwerken: Die 180 000 t Schwefeloxide, 26 000 t Stickoxide und 650 t Kohlenmonoxid, die z. B. ein mittleres Kohlekraftwerk pro Jahr abgibt, entfallen hier.

▸ Der elektrische Strom wird billiger.

▸ Der Transport und die Lagerhaltung vereinfachen sich: 1 kg Uran entspricht 16 000 kg Kohle.

▸ Die gut 90%ige Abhängigkeit von den erdölfördernden Staaten wird drastisch verringert.

▸ Der Kraftwerkbau schafft Arbeitsplätze: 6500 Mann arbeiten 6 Jahre an einem Kernkraftwerk von der Größe von Biblis A.

▸ Die Wirtschaft hat keine Energiesorgen mehr.

Fazit: Das Ei des Kolumbus – ein Gesamturteil, das sich jedoch an Einzelargumenten orientiert. Wie sehr es sich wandelt, sobald man die Dinge im Systemzusammenhang sieht, zeigt die nebenstehende Seite aus unserem Energiebilderbuch.

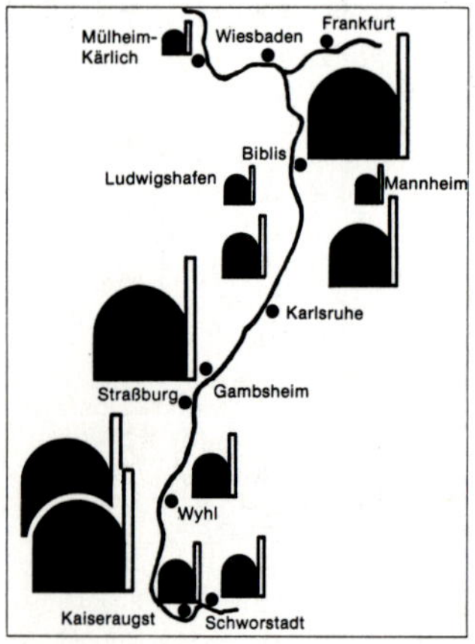

Mülheim-Kärlich
Wiesbaden
Frankfurt
Biblis
Ludwigshafen
Mannheim
Karlsruhe
Straßburg
Gambsheim
Wyhl
Kaiseraugst
Schworstadt

□ Die Kraftwerkssituation am Rhein 1970.

■ Die im „Wärmelastplan Rhein" unter „bis 1985 geplant" angeführten Atomkraftwerke.

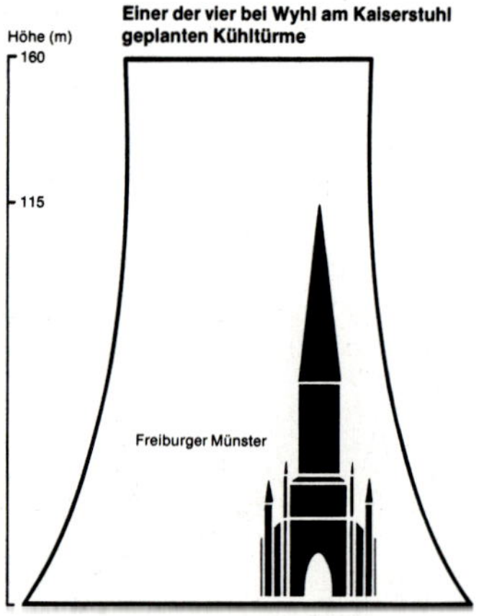

Einer der vier bei Wyhl am Kaiserstuhl geplanten Kühltürme
Höhe (m)
160
115
Freiburger Münster

An diesem Größenvergleich eines Kühlturms (des noch relativ kleinen Atomkraftwerks Wyhl) mit dem Freiburger Münster erkennt man die Überproportionalität der ganzen Entwicklung.

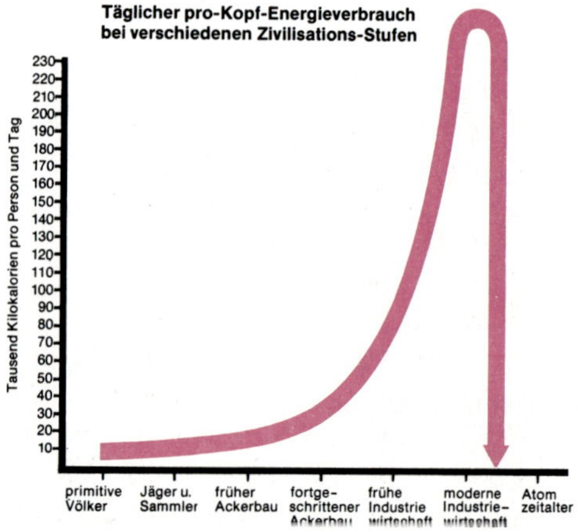

Täglicher pro-Kopf-Energieverbrauch bei verschiedenen Zivilisations-Stufen
Tausend Kilokalorien pro Person und Tag
230
220
210
200
190
180
170
160
150
140
130
120
110
100
90
80
70
60
50
40
30
20
10
primitive Völker
Jäger u. Sammler
früher Ackerbau
fortge- schrittener
frühe Industrie
moderne Industrie-
Atom zeitalter

Auch die Energieabhängigkeit kann Grenzwerte überschreiten, die ein System zerstören. Bevor das Atomzeitalter richtig begonnen hat, wird es wohl so oder so zu Ende sein.

13

1. Bereits heute haben wir ein Stromüberangebot, welches unsinnigerweise noch weiter hochgeschaukelt würde.
2. Anstelle langfristig nutzbarer kybernetischer Technologien wird eine veraltete energieintensive Folgeindustrie begünstigt. Das bedeutet noch raschere Erschöpfung der Rohstoffvorräte, stärkere Abhängigkeit von Energiekrisen und von uranliefernden Ländern, Einengung der freien Marktwirtschaft.
3. Das schon heute ungünstige Energie-/Arbeitsplatz-Verhältnis wird durch energieintensive Verfahren, die weitere Rationalisierung erfordern, noch ungünstiger, so daß in kurzer Zeit ein Vielfaches der vorübergehend für den Bau der Kraftwerke gewonnenen Arbeitsplätze verlorengeht.
4. Die so notwendige Entwicklung dauerhafter Energieerzeugungssysteme dürfte auch weiterhin durch die fast ausschließliche Förderung der Kerntechniken blockiert werden, und wenn der Atomstrom einmal versiegt ist, nicht zur Verfügung stehen.
5. Die Abhängigkeit von einer unnötig hohen, nur kurze Zeit währenden Energieerzeugung könnte die Wirtschaft bei Versiegen oder Blockieren dieser Quelle schlagartig zusammenbrechen lassen. Eine vorauszusehende Systementwicklung, vor der unvernetzt denkende Technokraten, Wirtschaftler, Politiker und Gewerkschaftler bisher die Augen verschließen.

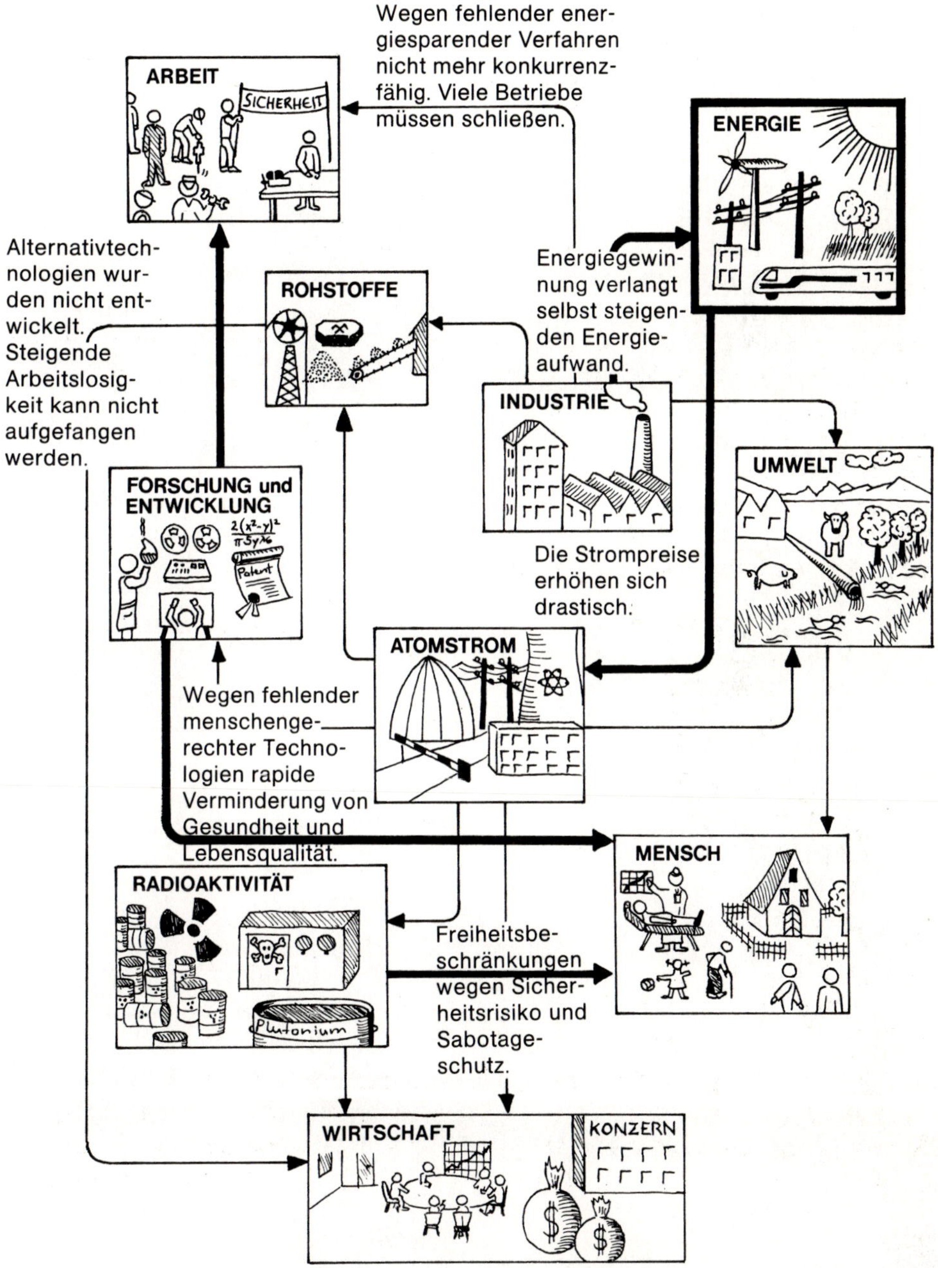

ARBEIT
SICHERHEIT
Wegen fehlender energiesparender Verfahren nicht mehr konkurrenzfähig. Viele Betriebe müssen schließen.
ENERGIE
Alternativtechnologien wurden nicht entwickelt. Steigende Arbeitslosigkeit kann nicht aufgefangen werden.
ROHSTOFFE
Energiegewinnung verlangt selbst steigenden Energieaufwand.
INDUSTRIE
UMWELT
FORSCHUNG und ENTWICKLUNG
Patent
Die Strompreise erhöhen sich drastisch.
ATOMSTROM
Wegen fehlender menschengerechter Technologien rapide Verminderung von Gesundheit und Lebensqualität.
RADIOAKTIVITÄT
Plutonium
MENSCH
Freiheitsbeschränkungen wegen Sicherheitsrisiko und Sabotageschutz.
WIRTSCHAFT
KONZERN

14

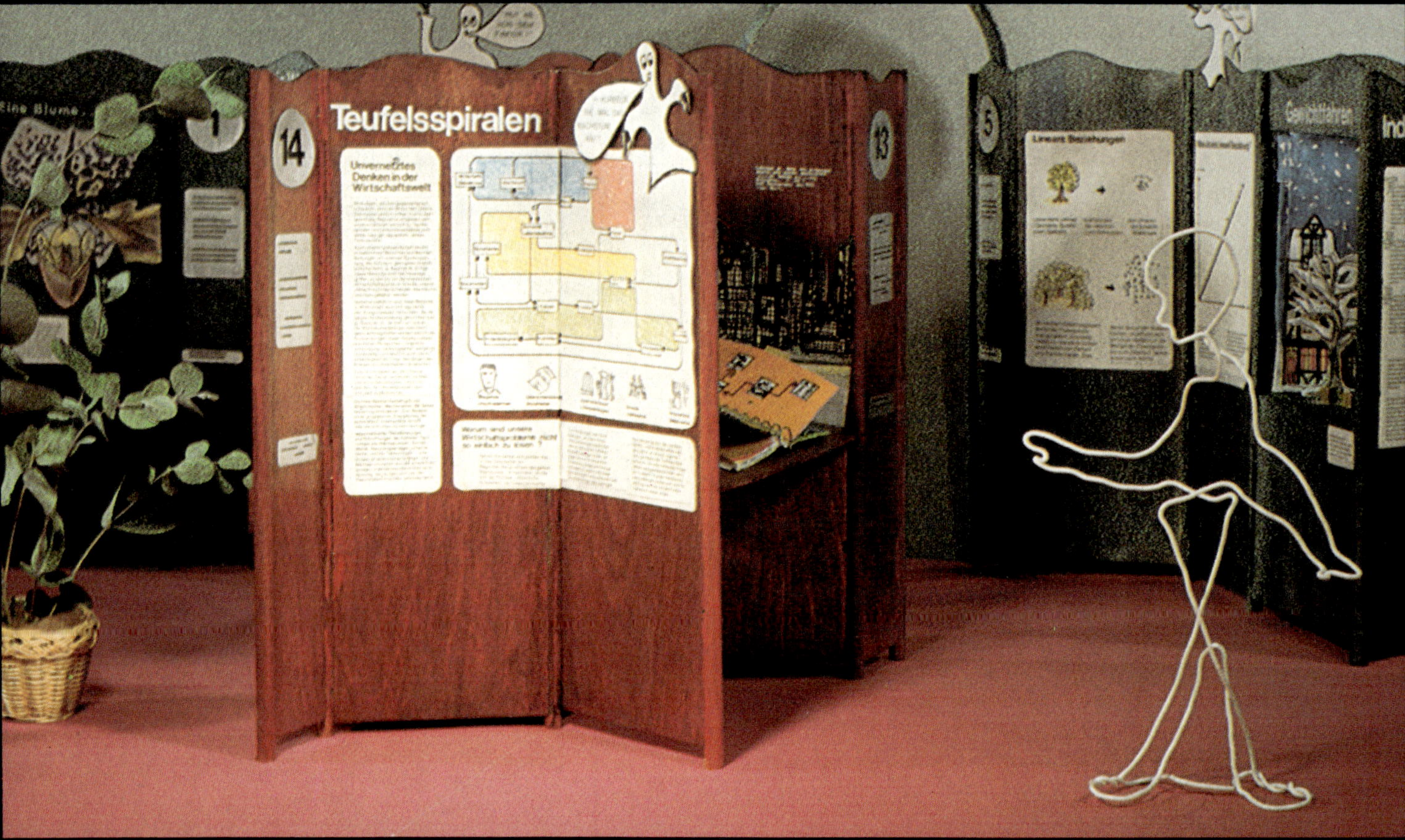
Teufelsspiralen
14
Unvernetztes Denken in der Wirtschaftswelt
13
1
5

Teufelsspiralen

Thema: Unvernetztes Denken in der Wirtschaftswelt

Wirkungen, die sich gegenseitig aufschaukeln, sind der Motor des Lebens. Sie müssen jedoch immer in eine übergeordnete Regulation eingebaut sein, sonst entwickeln sie sich zu Teufelsspiralen und zerstören entweder sich selbst oder gar das System, dessen Teil sie sind.

Aus dem verzwickten Netz der verschiedensten volkswirtschaftlichen Faktoren sind einige solcher Teufelskreise herausgegriffen, wobei zunächst nur die einzelnen Faktoren sichtbar sind. Ihre Wechselwirkungen entstehen erst wieder durch Drehen an einer Kurbel auf einer großen Leuchttafel.

Der Besucher kann an vier verschiedenen Stellen in das Geschehen einsteigen: als Politiker („öffentliche Ausgaben"), als Verbraucher („Konsum"), als Unternehmer („Rationalisierung") und als Arbeitnehmer („Forderungen der Gewerkschaften"). Damit hat er den jeweiligen Faktor innerhalb des gesellschaftlichen Geschehens verstärkt. Von diesem Start aus beginnt er nun die diversen Kreisprozesse anzukurbeln, die sich nach und nach schließen. In diesem Moment beginnen die Pfeile zu blinken, und der Eingriff springt auf andere Kreisprozesse über. Dort löst er weitere Folgen aus.

So entsteht ein Netz destabilisierender Prozesse, dessen Auswirkungen auf die Wirtschaft nach und nach in Form entsprechender Symbole aufleuchten.

Exponat 14

Teufelsspiralen

Thema:
Unvernetztes Denken in der Wirtschaftswelt

Themengruppe D:
Wenn man Zusammenhänge mißachtet

14

Nicht wenige Bereiche unserer heutigen Volkswirtschaft zeigen Wechselwirkungen mit positiver Rückkoppelung (vgl. Exponat 9). Dadurch kommt es zu Erscheinungen wie der Lohn-Preis-Spirale, die sich beim geringsten Anstoß aufschaukeln. Einige dieser Bereiche sind in der nebenstehenden Grafik herausgegriffen, so wie sie von der klassischen Wirtschaftstheorie im Schoße der vielfach noch herrschenden (wenn auch von der Praxis längst überholten) Wachstumsideologie gesehen werden.

Selbstverständlich sind diese Bereiche in der Wirklichkeit auch mit anderen Kreisprozessen verbunden, solchen, die einer *negativen* Rückkoppelung und damit einer gewissen Selbstregulation gehorchen (vgl. Exponat 10). Wäre dies nicht der Fall, so würde unsere Wirtschaft längst nicht mehr funktionieren.

Gerade für diese Dinge sollten wir unseren Blick schulen. Denn eindimensionale Bestrebungen, die diese Vernetzung mißachten, führen meist nur zu kurzfristigen Verbesserungen unter der Gefahr entsprechender Rückschläge oder gar eines weiteren Aufschaukelns der Teufelskreise.

Je mehr wir uns an die Wachstumsideologie klammern, desto schmerzhafter werden die Rückwirkungen der dann auftretenden Regelprozesse sein, wie Rohstoffknappheit, Umweltverschmutzung, Leistungsabfall, steigende Soziallasten und nicht zuletzt Arbeitslosigkeit als Folge des steigenden Energie-pro-Arbeitsplatz-Quotienten. Hätten wir nicht die Chance, mit einem neuen vernetzten Denken und mit kybernetischen Technologien aus den Teufelskreisen nach und nach auszubrechen, so würden schließlich übergeordnete Regelprozesse einsetzen, die unsere Gesellschaft zerstören könnten.

Die freie Marktwirtschaft gibt uns Möglichkeiten, schon vorher Mechanismen der Selbststeuerung einzusetzen. Zum Beispiel einen progressiven Energiepreis, der automatisch Arbeitsplätze schafft, oder die Ankurbelung kleinräumiger dezentralisierter Dienstleistungen; Einrichtungen der mittleren Technologie wie Wärmepumpen, Sonnendächer, Recyclingsanlagen, kybernetische und Biotechnologien – unter Einsatz all jener kleinen Energie- und Wärmeproduzenten aus den unterschiedlichsten Unternehmensbereichen, wo ca. 20 000 Megawatt (das entspricht ca. 30% des Bundesdeutschen Spitzenverbrauchs) brachliegen, deren Nutzung z. Z. noch von den Elektrizitätsmonopolen hintertrieben wird, so als gelte es, die Teufelsspiralen um jeden Preis aufrechtzuerhalten.

14

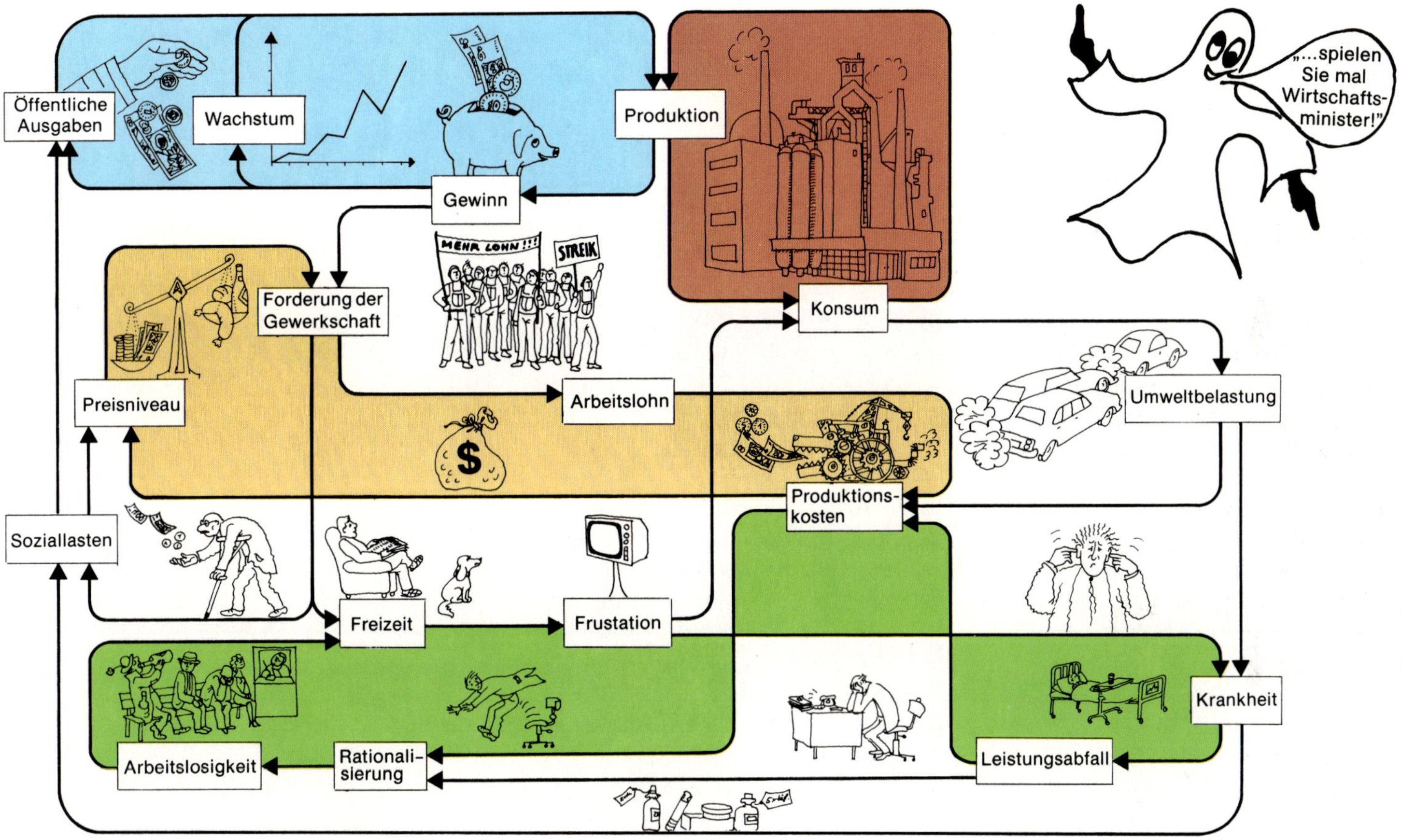

Öffentliche Ausgaben
Wachstum
Produktion
Gewinn
MEHR LOHN!!!
STREIK
Forderung der Gewerkschaft
Konsum
Preisniveau
Arbeitslohn
Umweltbelastung
Produktions-kosten
Soziallasten
Freizeit
Frustation
Krankheit
Arbeitslosigkeit
Rationali-sierung
Leistungsabfall
„...spielen Sie mal Wirtschafts-minister!"

Steigende Unzufriedenheit

Überdimensionale Soziallasten

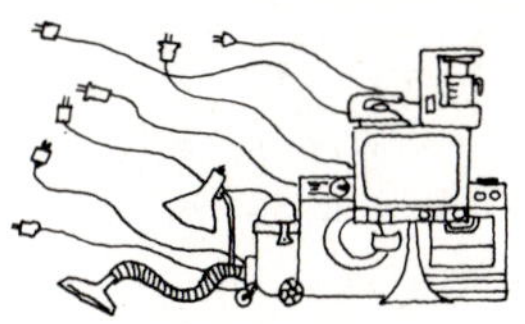

Zunehmende Konsum- u. Energieabhängigkeit

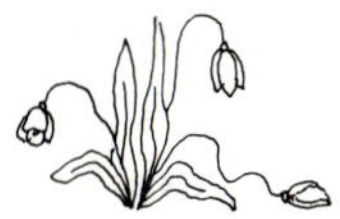

Sinkende Lebensqualität

Wirtschaftliche Destabilisierung

Die freie Marktwirtschaft gibt uns Möglichkeiten, Mechanismen der Selbststeuerung einzusetzen. Zum Beispiel einen progressiven Energiepreis, der automatisch Arbeitsplätze schafft, oder die Ankurbelung kleinräumiger dezentralisierter Dienstleistungen und Einrichtungen der mittleren Technologie wie Wärmepumpen, Sonnendächer, Recyclingsanlagen, kybernetische- und bio-Technologien - unter Einsatz all jener kleinen Energie- und Wärmeproduzenten aus den unterschiedlichsten Unternehmensbereichen (eine Nutzung, die zur Zeit noch von den Elektrizitätsmonopolen verhindert wird).

Themengruppe E:

Wie man Zusammenhänge verstehen lernt

Wenn man einige Teile eines Systems kennt und weiß, *was wie mit wem* zusammenhängt, so kann man daraus schon eine Menge über das System erfahren: über seine Stabilität, seine Entwicklungsmöglichkeit und über die Bedeutung einiger seiner Elemente als Regler, Grenzwert oder Stellglied (vgl. Exponat 10). Doch wie sich im einzelnen ein solches Wirkungsgefüge verändert, läßt sich nicht vorhersagen, weil jedes System offen ist und somit ständigen Störungen ausgesetzt. Es entstehen Rückkoppelungen und damit Zeitverzögerungen, die auch bei genau dosierten Eingriffen in ein vernetztes System nur durch Ausprobieren zu erkennen sind.

Zum Glück kann man den Ablauf vieler Vorgänge statt in der rauhen Wirklichkeit auch im Modell durchspielen. Man kann sie simulieren. Dabei erfährt man als erstes, daß ein Eingriff nur selten dort endet, wofür man ihn ansetzt, sondern daß er meist in eine Kettenreaktion von Ereignissen übergeht, die den verschiedenartigsten Regelkreisen angehören.

Nicht nur unüberlegte Eingriffe haben somit ihre Tücken, auch ihre Korrektur ist schwierig – erfolgt sie zur falschen Zeit, so kann auch sie sich wieder in ihr Gegenteil verkehren.

An verschiedenen mechanischen und elektronischen Modellen kann der Besucher selbst versuchen, ein Gefühl für diese Zusammenhänge zu entwickeln, gewisse Regeln zu erkennen und dieses Wissen anzuwenden.

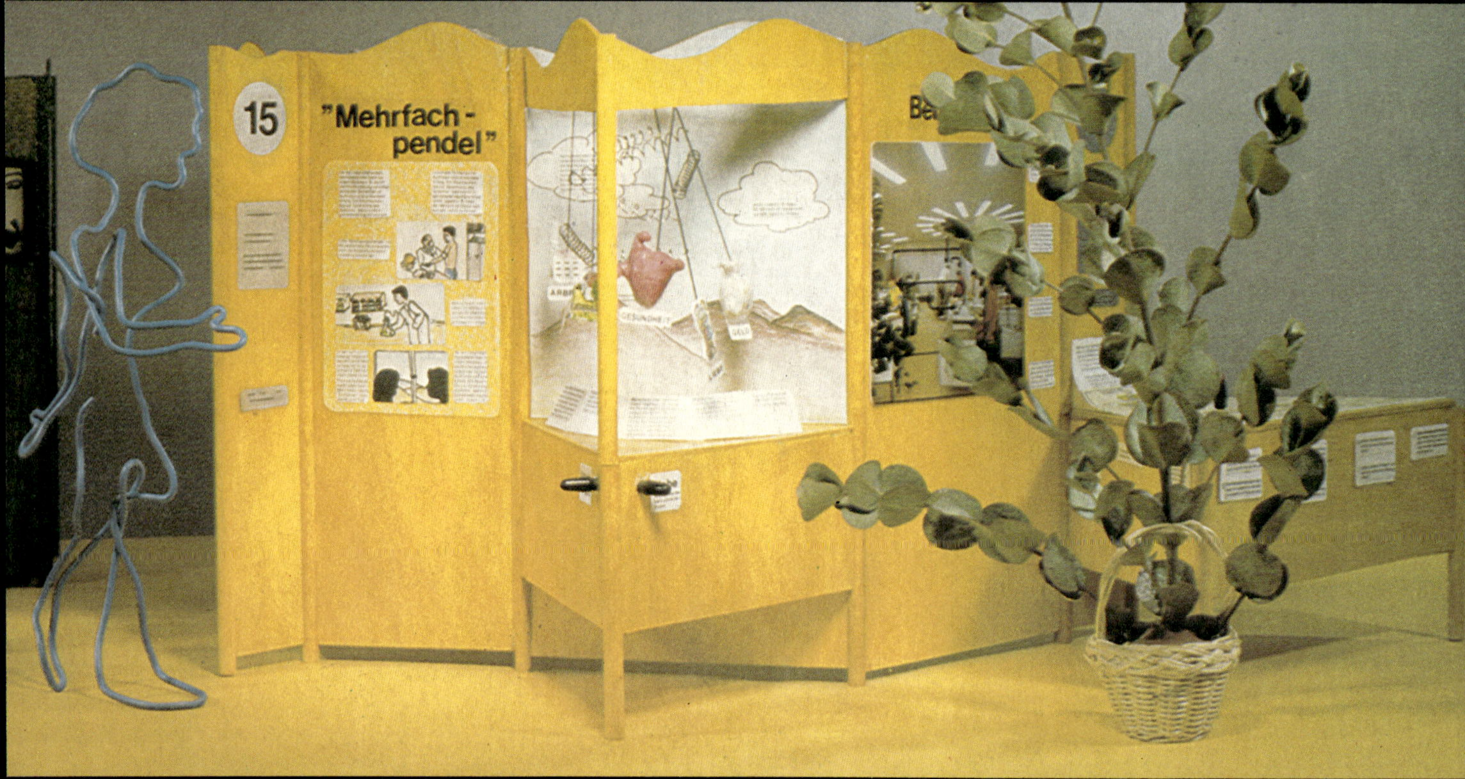
15
"Mehrfach-
pendel"

Mehrfachpendel

Thema: Wirkung von Zeitverzögerungen

Ein Pendel wird von dem Besucher in einer bestimmten Richtung in Bewegung gesetzt. Durch Federn überträgt sich die Schwingungsenergie auf das nächste Pendel, von dort wieder auf ein weiteres, bis irgendwann die Wirkung auf das erste Pendel zurückschlägt, das sich nun sogar in einer anderen Richtung bewegen kann als ursprünglich beabsichtigt.

Die einzelnen Pendel symbolisieren bestimmte Lebens- und Wirtschaftsbereiche und sind als solche gekennzeichnet: Liebe, Geld, Gesundheit, Arbeit und Freizeit.

Der Besucher erfährt so am Spiel der Pendel, wie Wirkungen in Systemen übertragen werden, vorübergehend ihre Spur verwischen, woanders wieder auftauchen und – irgendwann auf meist überraschende Weise zurückwirken.
So kann er sich auf plastische Weise die Wirkung von Investitionen – und Fehlinvestitionen –, von Spätfolgen und Zeitverzögerungen vor Augen führen und nicht zuletzt die Unmöglichkeit, in einem sich ständig wandelnden dynamischen System den Lauf der Dinge noch einmal zurückzudrehen.

Exponat 15

Mehrfachpendel

Thema:
Wirkung von Zeitverzögerungen

Themengruppe E:
Wie man Zusammenhänge verstehen lernt

Modellbau:
Hannes Burkhardt, München

Sponsor:
IBM-Deutschland GmbH, Stuttgart

15

In unserer Welt gibt es viele „Mehrfachpendel". Stößt man eines an, so ist zunächst die Wirkung nur hierauf beschränkt – das übrige System scheint unberührt. Doch bald beginnen andere Teile auch zu „pendeln". Dann, irgendwann, kommt unser erstes Pendel ganz zur Ruhe – aber seine Energie wirkt längst woanders weiter, ohne daß sie jetzt noch ihre Herkunft preisgibt.
Eine neue Phase ist eingetreten: Die Eigendynamik des Systems hat das Geschehen in die Hand genommen. Und natürlich wird auch irgendwann – mit Zeitverzögerung – unser erstes Pendel wieder in das Spiel mit einbezogen. Als Rückwirkung seines eigenen Tuns, nach Verwandlung, nach Metamorphose, geprägt durch den Charakter des Systems.

So wie die Liebe und die Freundschaft, die man gibt, oft lange später wieder in anderer Weise auf einen zurück- und weiterwirken.

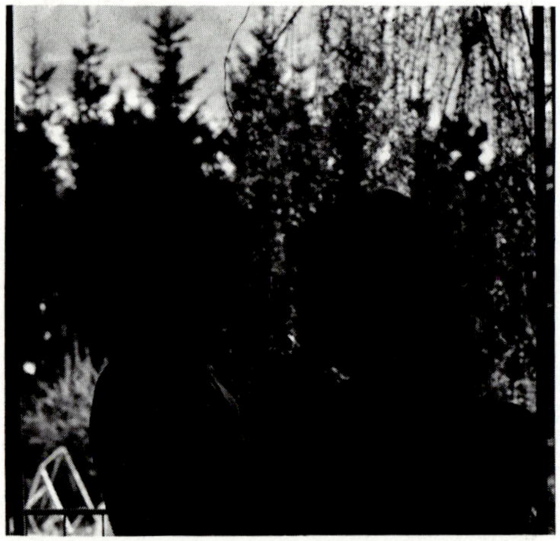

So wie jede sinnvolle Investition, z.B. in eine gute Ausbildung oder in die Erforschung und Entwicklung neuer technischer Möglichkeiten, sich eines Tages bezahlt macht.

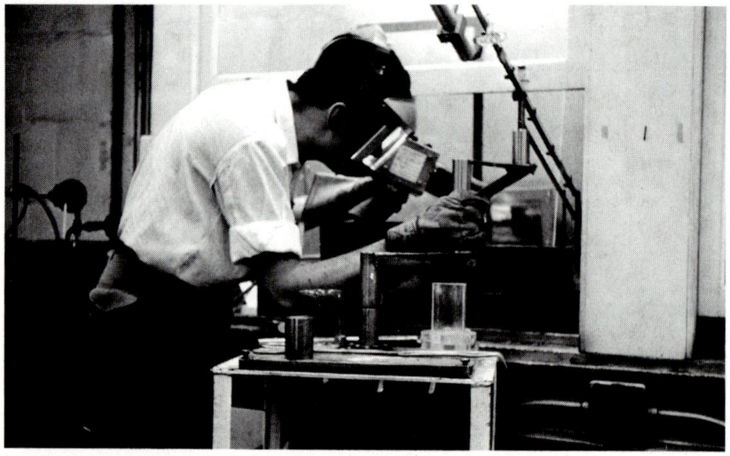

Und genauso wie beim Mehrfachpendel tragen alle Investitionen, im privaten wie im wirtschaftlichen Bereich, wenn auch oft spät und von unerwarteter Seite, ihre Früchte.

Natürlich auch im Negativen. Etwa im sozialen Bereich, wo die Bereicherung des Familienlebens durch Einführung des Fernsehens nun wieder Spätfolgen von ganz anderer Seite zeigt. Oder im medizinischen Bereich,

...wo die Wirkungen einer zerstörerischen Lebensweise über verschiedene Umwege schließlich in Kreislaufschäden, Krebs oder Organzerfall enden.

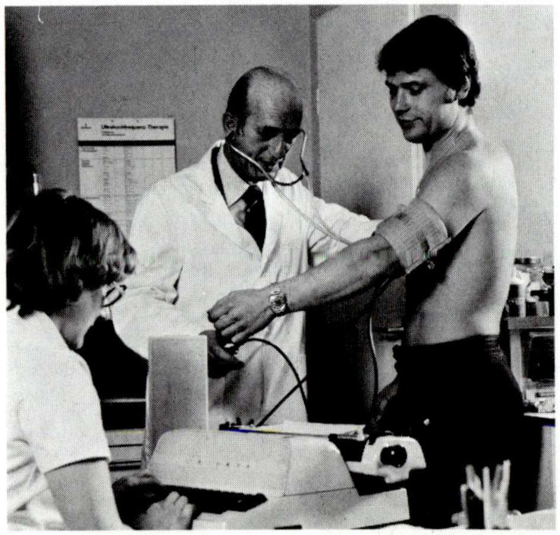

Genauso ist es, wenn wir unbekümmert unsere Umwelt belasten. Die Spätfolgen sind praktisch die gleichen. Nur heißen sie hier statt Kreislaufschäden Verkehrschaos, statt Krebs Zersiedlung und statt Organzerfall zerstörte Böden und Gewässer.

Und negativ sind nicht zuletzt die Fälle, wo Zeitverzögerungen durch Umwege entstehen: durch zusätzlich ins System gebrachte Pendel – wie diejenigen der Bürokratie. Hier sind dann die hineingesteckten Impulse durch Reibung längst vernichtet, ehe ihre Wirkung überhaupt auf die richtigen „Pendel" übergehen konnte.

Und noch etwas soll das Mehrfachpendel zeigen: Wenn Zeitverzögerungen im Spiel sind, kann man ein einmal in Unordnung geratenes System später kaum noch durch Einzelkorrekturen in den Griff bekommen. Meist bringt man das System nur noch mehr durcheinander. Und doch gibt es immer wieder Leute, die glauben, daß sie etwa durch forcierten Straßenbau, durch drastische Rationalisierung, durch Großeinsatz von Pestiziden oder durch künstliche Ankurbelung des Energieverbrauchs nur ein oder zwei „Pendel" in Bewegung setzen, und die sich dann wundern, wenn eine ganze Maschinerie aus den Fugen gerät.

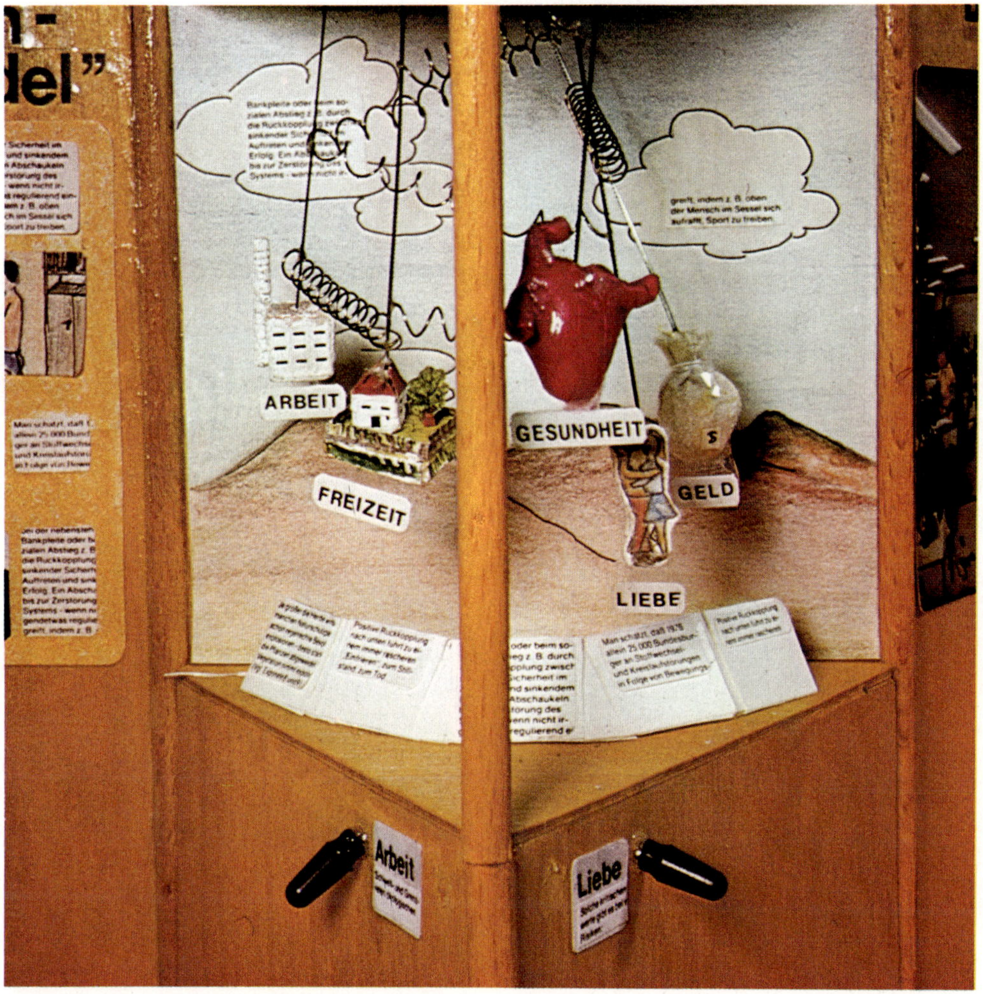
ARBEIT
FREIZEIT
GESUNDHEIT
GELD
LIEBE
Arbeit
Liebe

Sobald eine Wirkung ihre Wanderung durch das vernetzte System begonnen hat, kann man sie fast nie mehr rückgängig machen, sondern höchstens kompensieren, ein wenig ausgleichen, bereits wirkende Kräfte nutzen, durch Selbstregulation allmählich die Richtung ändern.

Je früher man also in komplexen Systemen einen Fehler erkennt, desto eher hat man eine Chance, ihn noch am Ausgangsort zu korrigieren – wie bei unserem ersten Pendel, wenn der Impuls noch nicht auf das nächste übergegangen ist.

16

16
Computerspiel
BEVÖLKERUNG
+5
+8
UMWELTBELASTUNG
-3
AUFKLÄRUNG
+2
LEBENSQUALITÄT
ÖFFENTLICHES BEWUSSTSEIN
PLANUNG UND
ENTSCHEIDUNG
START
+7
SANIERUNG
+2
+1

Computerspiel

Thema: Simulation von Wirkungsgefügen

Alle bisher dargestellten Wechselbeziehungen, Rückkoppelungen und Zeitverzögerungen – und noch viele andere – sind in irgendeiner Weise an dem lebendigen Geschehen auf unserem Planeten beteiligt. Dies jedoch nie einzeln, sondern immer in vielfacher, wenn auch manchmal nur schwacher Kombination mit anderen.
Damit der Besucher neben der Kenntnis solch kombinierter Wirkungen auch ein Gefühl für deren eigenartige Gesetzmäßigkeiten vermittelt bekommt, damit er also neben dem Wissen auch ein wenig erleben kann, wie sich bestimmte Eingriffe über kurz oder lang auf ein vernetztes System auswirken, wurden in diesem Exponat einige der wichtigsten Wirkungsarten zu einem Spiel vereinigt.
In einem typischen Industrieland kann der Besucher selbst Steuermann spielen und durch Investition in Gebiete wie Produktion, Umweltschutz, Aufklärung und neue Technologien versuchen, die Lebensqualität zu erhöhen und seinen Lebensraum zu stabilisieren.

Das Spiel geschieht in Wechselwirkung mit einer Computersteuerung. Sie registriert die Entscheidungen des Spielers und berechnet die Veränderungen im System. Der Besucher folgt diesen Angaben und stellt die Ergebnisse auf einer großen Panoramawand ein, auf der die einzelnen Bereiche in ihrer Vernetzung bildlich dargestellt sind.

Gerade in diesem Spiel zeigt sich wieder, daß nur aus dem Verständnis des Gesamtzusammenhangs heraus sinnvolle Entscheidungen getroffen werden können. Andernfalls kann man nur hinter den Ereignissen herhinken, und der in dem Computerspiel dargestellte Lebensraum steuert sehr schnell der Katastrophe zu. Nach dem Spiel erfährt der jeweilige „Steuermann" den Grad seiner kybernetischen Begabung und ob er sich gar als Mitglied des Clubs der vernetzten Denker betrachten darf.

Exponat 16

Computerspiel

Thema:
Simulation von Wirkungsgefügen

Themengruppe E:
Wie man Zusammenhänge verstehen lernt

Modellbau:
Ing. Dietrich Gottstein, Ebenhausen

Sponsor:
IBM Deutschland GmbH, Stuttgart

16

Wenn wir uns einmal die Wechselwirkungen in einem Ballungsraum vor Augen halten, so sehen wir, daß es eigentlich unmöglich ist, Einzelbereiche getrennt für sich zu planen oder zu entwickeln. Das tun wir jedoch nach wie vor.

Wir glauben, wenn wir eine gute Straße bauen, eine funktionsfähige Fabrik errichten, ein juristisch einwandfreies Gesetz erlassen oder erstklassige Chemiker ausbilden, daß dann auch das Zusammenspiel all dieser Faktoren funktionieren muß. Und dann sind wir überrascht, daß sich Dinge plötzlich aufschaukeln, ganz woanders Spätfolgen zeigen oder miteinander unvereinbar sind. Für sich perfekt geplant, kann ihr Zusammenspiel dennoch in ein Chaos führen.

Deshalb müssen wir dazu übergehen, bei der Gestaltung unseres Lebensraumes eine „kybernetische" Strategie zu entwickeln, die das Zusammenspiel und die Selbstregulation der Elemente innerhalb des Systems mit einbezieht. So etwas kann man üben.

Unser Computerspiel versucht auf diese Weise ein Gefühl für vernetzte Wirkungen zu entwickeln. Auf dem nebenstehenden Panorama sind die Bereiche so verknüpft, wie es der Computersteuerung auf dem Exponat entspricht. Über diese Verflechtungen kann dann das, was wir in dieser „Modellstadt" planen und entscheiden wollen, über einen längeren Zeitraum in seinen Auswirkungen durchgespielt werden.

Eine etwas wissenschaftlichere Ausgabe dieses Umweltsimulationsspiels wurde erstmals – und zwar ohne jede Elektronik – in der Studie „Ballungsgebiete in der Krise" mit ausführlicher Spielanleitung vorgestellt. Inzwischen in mehreren Ländern im kybernetischen Unterricht verwendet und auch z. B. von einer englischen Universität voll „computerisiert", bringt dieses simple Simulationsspiel eine neue Möglichkeit, Systemanalyse zu betreiben.

Den bekannten Modellen von Meadows und Forrester hat es voraus, daß es dem „Entscheidungsträger" erlaubt, in mehrere Rollen zu schlüpfen, und ihn aktiv in das kybernetische Geschehen mit einbezieht. Vor allem bleibt die Entwicklung „dynamisch", ihr Ablauf wird durch die Anfangssituation nicht ein für allemal vorherbestimmt.

Was in dem Spiel angestrebt wird, ist ein Gleichgewichtszustand mit möglichst hoher Lebensqualität. Ob wir das erreichen, hängt ganz von unserer Vorausschau ab. Für Überraschungen sorgen schon allein die eingebauten Rückkoppelungen, Zeitverzögerungen und Spätfolgen mancher sich zunächst positiv gebenden Entscheidung. Auch zufällige „Störgrößen", also Eingriffe von außen, treten auf.

Gewiß wird man mit unserem Simulationsspiel nicht gleich die Umweltproblematik lösen können, dafür aber um so deutlicher erfahren, mit welchen Denkansätzen man an eine solche Lösung herangehen muß. In der Tat wäre es z. B. mit einem nicht viel komplizierteren „Simulationsspiel" unter Einsatz eines kleinen programmierbaren Taschenrechners durchaus möglich gewesen, aus den vorhandenen Daten die Entwicklung der bekannten Dürrekatastrophe in der Sahelzone vorauszusagen und so vielleicht zu verhindern (vgl. Exponat 19).

Selbst aus einem unvollständigen Wirkungsgefüge erfahren wir also weit mehr darüber, wie sich ein System gegenüber Eingriffen und Störungen in Zukunft verhält, als aus noch so wissenschaftlichen Hochrechnungen und Voraussagen, die weder Vernetzungen noch Rückwirkungen kennen (man denke nur an die ständigen Fehlprognosen unserer Wirtschaftspolitiker!). Zunehmend, wenn auch noch viel zuwenig, werden jedoch diese Erkenntnisse allmählich in immer mehr Bereichen befolgt.

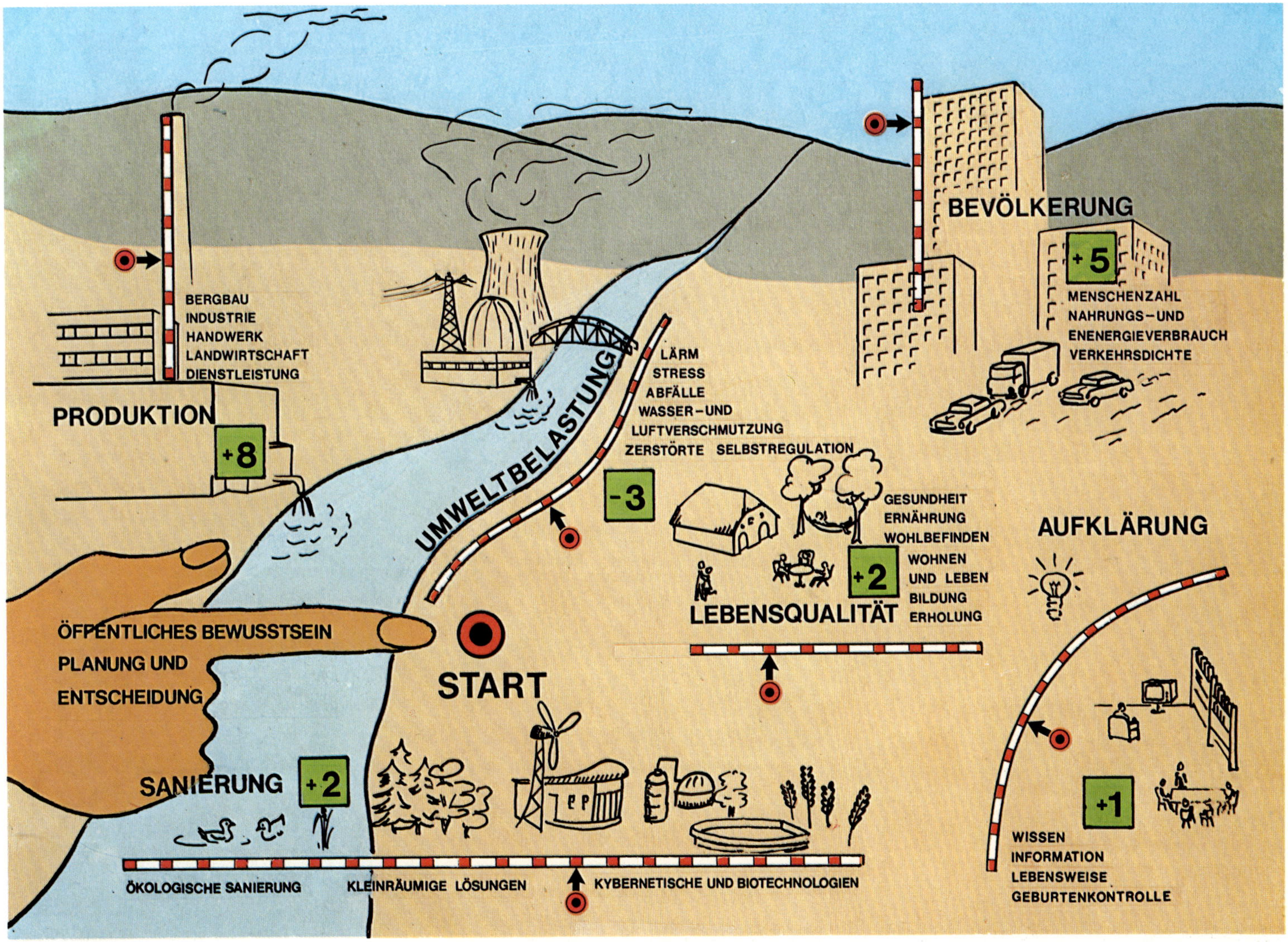
BEVÖLKERUNG
+5
MENSCHENZAHL
NAHRUNGS-UND
ENENERGIEVERBRAUCH
VERKEHRSDICHTE
BERGBAU
INDUSTRIE
HANDWERK
LANDWIRTSCHAFT
DIENSTLEISTUNG
PRODUKTION
+8
UMWELTBELASTUNG
LÄRM
STRESS
ABFÄLLE
WASSER-UND
LUFTVERSCHMUTZUNG
ZERSTÖRTE SELBSTREGULATION
-3
GESUNDHEIT
ERNÄHRUNG
WOHLBEFINDEN
WOHNEN
UND LEBEN
BILDUNG
ERHOLUNG
+2
LEBENSQUALITÄT
AUFKLÄRUNG
ÖFFENTLICHES BEWUSSTSEIN
PLANUNG UND
ENTSCHEIDUNG
START
SANIERUNG
+2
+1
WISSEN
INFORMATION
LEBENSWEISE
GEBURTENKONTROLLE
ÖKOLOGISCHE SANIERUNG
KLEINRÄUMIGE LÖSUNGEN
KYBERNETISCHE UND BIOTECHNOLOGIEN

Produktion, Umweltbelastung, Lebensqualität, Sanierung, Aufklärung und Bevölkerungsentwicklung sind 5 wichtige Bereiche eines Lebensraumes. Sie sind in unserem Computerspiel durch unterschiedliche nichtlineare mathematische Beziehungen so verknüpft, daß jede Entscheidung eine Kette von Wirkungen und Rückwirkungen nach sich zieht. Das Ergebnis wird jeweils durch Zahlen angezeigt und auf der betreffenden Skala nachgestellt – was wiederum weitere Folgen hat.

17

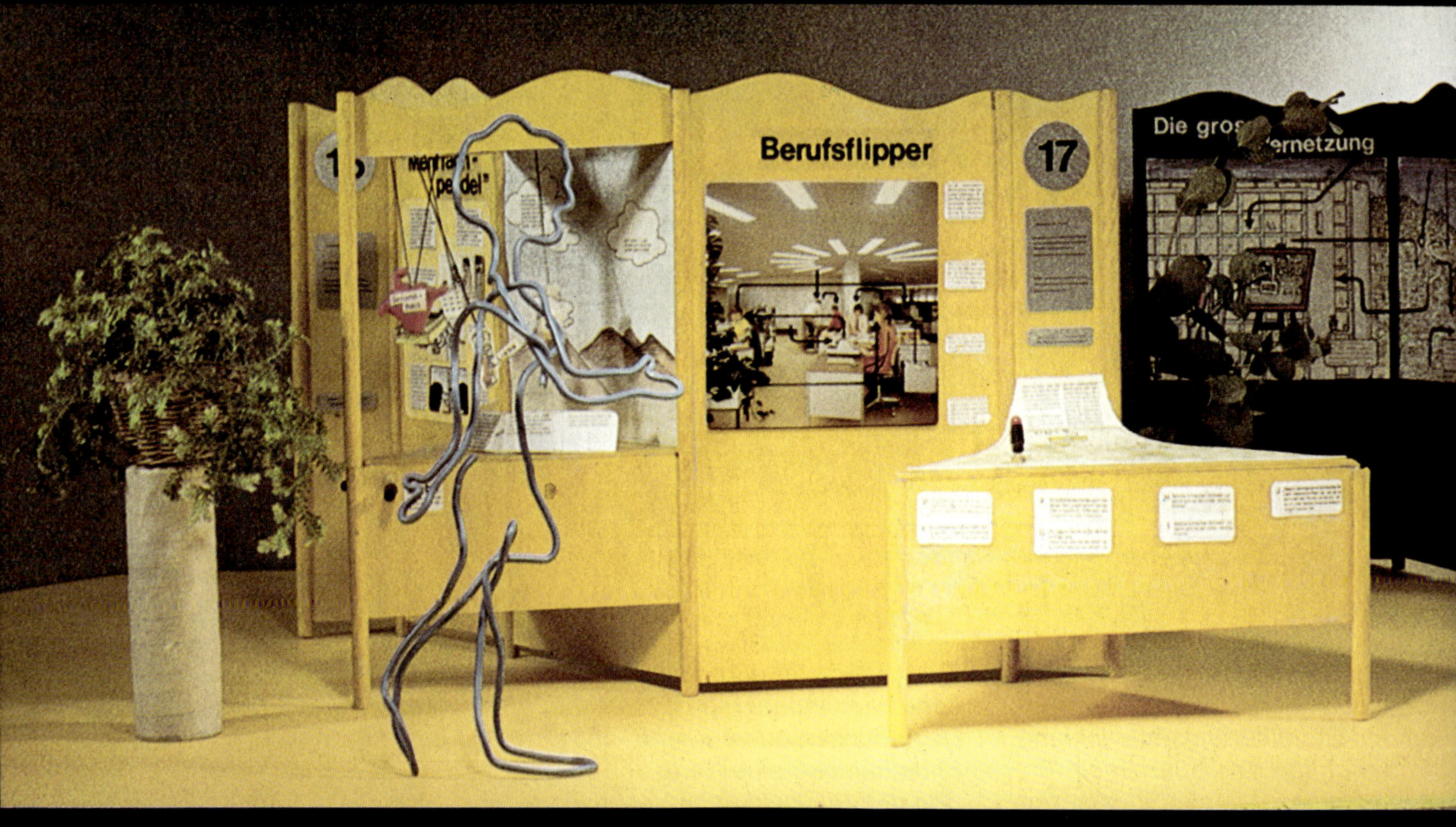
Berufsflipper
17
Die gros
ernetzung

Berufsflipper

Thema: Erforschung von Vernetzungen

Jeder Mensch lebt in einem vielfältigen Wechselspiel nicht nur mit seiner Umwelt, sondern auch mit seiner Mitwelt: Zu Hause, im Beruf, in der Freizeit, in den Ferien. Tag und Nacht, ja selbst wenn er alleine ist – in seinen Träumen und Gedanken. Wir sind uns meist nicht bewußt, wie sehr das eigene Verhalten und Wohlergehen, unsere Leistungen und Pläne physisch und psychisch mit diesen Wechselwirkungen zusammenhängen. Denn auch im sozialen Bereich haben wir eine Vielzahl von Elementen und Ebenen, verknüpft durch Rückkoppelungen, Zeitverzögerungen, lineare und nichtlineare Wirkungen.

Und doch glaubt man seine Probleme oft auf *eine* Ursache fixiert – und hakt sich daran fest. Der Berufsflipper soll zeigen, daß solche Probleme in Wirklichkeit nur die gerade sichtbaren Teile eines vernetzten Systems sind und daß man, folgt man der Vernetzung, vielleicht Fragen begegnet, die man sich noch nicht gestellt hat.

Dazu bewegt der Besucher einen „Puck" durch ein Labyrinth, und baut sich durch verschiedene Entscheidungsebenen hindurch sein individuelles Netz auf. Der Zielpunkt ergibt sich so aus dem Zusammenspiel verschiedenster Faktoren seiner beruflichen Situation. Vielleicht sind die Antworten und Ratschläge vertraut, vielleicht aber auch überraschend. Auf jeden Fall kann er den Pfad zurückverfolgen und eine entsprechende „Maßnahme" daraufhin durchtesten, ob sie diese berufliche Situation im gewünschten Sinne verändern würde.

Exponat 17

Berufsflipper

Thema:
Erforschung von Vernetzungen

Themengruppe E:
Wie man Zusammenhänge verstehen lernt

Modellbau:
Hannes Burkhardt

17

Was ist an meiner beruflichen Welt zu verbessern?

Man sucht sich, oben angefangen, von Verzweigung zu Verzweigung diejenige Spur heraus – und zeichnet sie mit Bleistift ein – die dem eigenen Fall am nächsten kommt, bis man an einem bestimmten Buchstaben endet. Der so entstandene Weg kennzeichnet dann die individuelle Arbeitssituation. Denn jeder wird wieder über einen anderen Pfad in einem der äußeren „Löcher" landen.

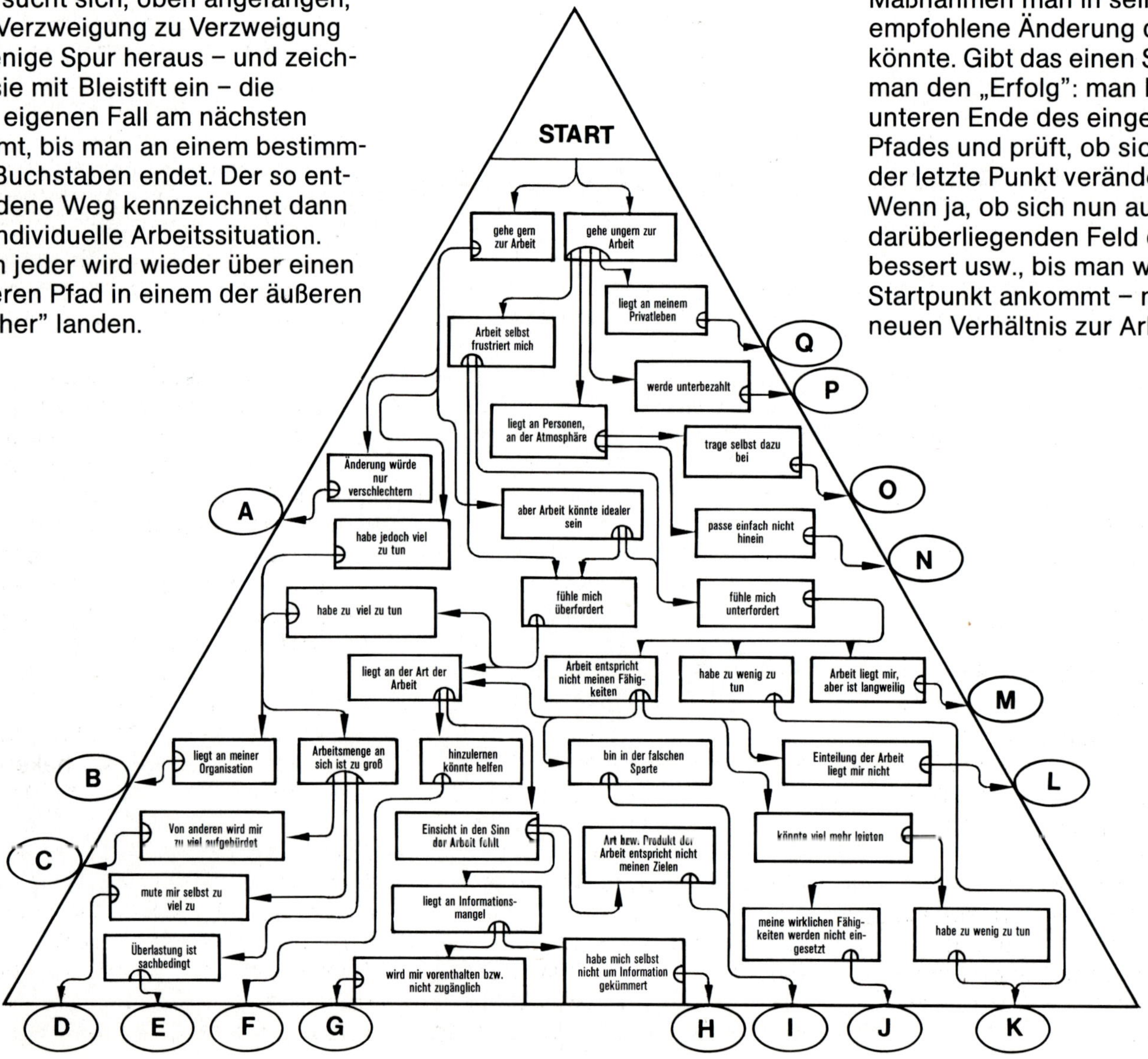

START
gehe gern zur Arbeit
gehe ungern zur Arbeit
liegt an meinem Privatleben
Arbeit selbst frustriert mich
werde unterbezahlt
liegt an Personen, an der Atmosphäre
trage selbst dazu bei
Änderung würde nur verschlechtern
aber Arbeit könnte idealer sein
passe einfach nicht hinein
habe jedoch viel zu tun
fühle mich überfordert
fühle mich unterfordert
habe zu viel zu tun
liegt an der Art der Arbeit
Arbeit entspricht nicht meinen Fähigkeiten
habe zu wenig zu tun
Arbeit liegt mir, aber ist langweilig
liegt an meiner Organisation
Arbeitsmenge an sich ist zu groß
hinzulernen könnte helfen
bin in der falschen Sparte
Einteilung der Arbeit liegt mir nicht
Von anderen wird mir zu viel aufgebürdet
Einsicht in den Sinn der Arbeit fehlt
Art bzw. Produkt der Arbeit entspricht nicht meinen Zielen
könnte viel mehr leisten
mute mir selbst zu viel zu
liegt an Informationsmangel
meine wirklichen Fähigkeiten werden nicht eingesetzt
habe zu wenig zu tun
Überlastung ist sachbedingt
wird mir vorenthalten bzw. nicht zugänglich
habe mich selbst nicht um Information gekümmert
Q
P
O
N
M
L
A
B
C
D
E
F
G
H
I
J
K

Nun sucht man sich auf der gegenüberliegenden Seite die Beschreibung seines Buchstabens und überlegt sich, durch welche Mittel oder Maßnahmen man in seinem Fall die empfohlene Änderung durchführen könnte. Gibt das einen Sinn, so prüft man den „Erfolg": man beginnt am unteren Ende des eingezeichneten Pfades und prüft, ob sich dadurch der letzte Punkt verändern würde. Wenn ja, ob sich nun auch beim darüberliegenden Feld die Lage bessert usw., bis man wieder am Startpunkt ankommt – mit einem neuen Verhältnis zur Arbeit.

Die Ergebnisfelder

A Sie haben ihren Traumjob! Machen Sie soviel daraus wie Sie können!

B Können Sie die nicht einmal radikal Überdenken? Die Zeit, die Sie in Überlegungen für ein besseres Organisationssystem investieren, kommt schnell wieder raus.

C Bringen Sie das mal zur Sprache. Lernen Sie freundlich nein sagen, und üben Sie das vor dem Spiegel.

D Versuchen Sie Ihre Grenzen abzustecken! Sehen Sie Ihre Kapazität realistisch. Dann können Sie weit mehr damit anfangen, haben wieder Erfolgserlebnisse.

E Ist Arbeitsteilung oder Delegieren möglich? Machen Sie sich die Dinge vielleicht selbst zu kompliziert?

F Wo könnten Sie sich fortbilden? Fernkurse? Bücher? Volkshochschule? Entsprechender Bekanntenkreis?

G Vielleicht ist der Zugang ganz einfach? Falls von anderen vorenthalten, machen Sie deutlich, daß Sie bei besserer Information für alle mehr bringen könnten.

H Interessieren Sie sich mal für die Zusammenhänge! Verfolgen Sie Weg und Wirkung Ihres Arbeitsprodukts.
Das kann viel ändern.

I Wäre ein Wechsel nicht sinnvoll? Vielleicht auch innerhalb der Firma? Versuchen Sie die richtigen Leute für Ihre Mitarbeit zu interessieren.

J Können Sie Ihren Job nicht ausbauen oder zusätzlich kreativ sein? Wem könnten Sie gerade mit Ihren Fähigkeiten helfen?

K Können Sie anderen aushelfen, eigene Initiativen entwickeln oder interessante Aufgaben mitübernehmen?

L Was läßt sich durch eigene Umorganisation daran ändern? Was durch Gespräche mit Chef oder Mitarbeitern?

M Können Sie zusätzliche Aktivitäten ankurbeln? Wie steht es mit einer Auflockerung? Musik, Denkspiele – allein oder mit anderen zusammen?

N Lassen sich bestimmte Begegnungen vielleicht vermeiden? Wie läßt sich eine Trennung bewerkstelligen? Welche Mittel gäbe es für eine Auflockerung und Entspannung?

O Wäre es nicht auch für Ihre eigene Entwicklung ein Fortschritt, Ihr Verhalten zu ändern? Vielleicht sind offene Gespräche sinnvoll! Verteilen Sie Streicheleinheiten, bauen Sie Streß ab!

P Sprechen Sie mit Ihrem Chef und machen ihn auf den Vorteil zufriedener Mitarbeiter aufmerksam. Wenn erfolglos, dann ist vielleicht Nebenerwerb oder Wechsel möglich.

Q Hierzu müßten Sie vom Berufsflipper auf einen Privatflipper umsteigen. Vielleicht helfen aber Erfolgserlebnisse im Beruf auch in privaten Dingen. Starten Sie das Spiel erneut und finden Sie heraus, wo dies möglich wäre!

Der nebenstehende Berufsflipper ist eine Art Schiebespiel, eine kleine Übung, wie man auch im Lebensbereich „Beruf" ein wenig mehr in Wirkungsnetzen denken lernt. Denn eine „Ursache", die wir als Grund unserer Unzufriedenheit bezeichnen, ist oft selbst nur die Wirkung anderer Faktoren, an denen vielfach Dinge beteiligt sind, vielleicht sogar wir selbst. Dinge, die zu ändern vielleicht einfacher sind als das, was uns unmittelbar vor Augen steht.

In Wirklichkeit ist dies meist nur eine zufällig sichtbare Seite eines komplexen Systems. Und auch hier gibt es nur in unserer Vorstellung eindeutige Ursachen und Wirkungen und nicht in der Wirklichkeit, wo jeder in einem vielfältigen Beziehungsnetz steht, dessen Bedeutung für unser Verhalten uns oft nicht bewußt ist. Gewohnt, „linear" zu denken, stürzen wir uns auf zufällig sichtbare Ausschnitte und glauben nur dort und nirgendwo anders könne man einhaken. Und geht es nicht, so resigniert man.

Unser „Flipperspiel" zeigt einen Weg, dieses dichte Netz von Wirkungen und Rückwirkungen einmal von einer ganz anderen Seite aufzudecken. Im Unterschied zu einem Fragebogen werden hier die Vernetzungen offengelegt und aus diesen heraus die Fragen sozusagen selbst entwickelt. Dadurch empfindet man die Verfolgung des Weges nicht als Abfragen oder Aushorchen durch einen anonymen überlegenen „Gegner", sondern eher als Suchprozeß, den man selbst in die Hand nimmt (in der Ausstellung über den Griff des „Pucks" sogar wörtlich!).

Natürlich muß der am Schluß erhaltene Hinweis nicht unbedingt die günstigste Einstiegsstelle für eine Änderung sein. Wenn es schwierig ist ihn zu befolgen, mag das mit hier nicht berücksichtigten außerberuflichen Dingen zu tun haben, die man vielleicht auf ähnliche Weise erforschen kann. In jedem Fall wird sich irgendwo ein praktikabler Einstieg und damit auch Anstoß finden, um dem ganzen Wechselspiel eine neue Richtung zu geben.

Hat man in einem bestimmten Lebensbereich Schwierigkeiten, so sollte man daher ruhig das vordergründige Problem verlassen und die Situation auf die Ebene vernetzter Zusammenhänge erheben. So wie man das in dem Berufsflipper in vielleicht etwas verallgemeinerter Form durchprobiert hat.

Diese Ebene erlaubt einem einen größeren Abstand, läßt einen sich selbst als Glied eines größeren Ganzen betrachten und macht einen dadurch objektiver. Das Durchspielen der einzelnen Schritte der Vernetzung, wie sie nebenstehend symbolisiert sind, kann sogar, frei von Emotionen, gemeinsam mit anderen Beteiligten vorgenommen werden.

Die Entwicklung eines solchen „Flipperweges" zwingt einen nämlich bei jeder Verzweigung, von der abstrakten Bezeichnung eines Gefühls in die konkrete Situation zu gehen und dort Lösungsmöglichkeiten aufzuspüren – und nicht in so nebulösen Vorstellungen wie „er traut mir ja nichts zu", „hier erfährt man ja doch nie, was los ist" oder „die Arbeit macht einfach keinen Spaß"; isolierte Gedanken, an denen man sich festbeißt, ohne daß sie auch nur den geringsten Ansatz für eine Lösung hergeben. Erst wenn man sie in ihre Gesamtvernetzung hineinstellt, findet man einen Weg, der wirklichkeitsnah ist und der somit auch in in dieser Wirklichkeit und nicht nur in unserer Fantasie Erfolg verspricht.

17

Themengruppe F:

Wie man Systeme durch Eingriffe kaputtmacht

Wer will schon bewußt ein lebendes, ein profitables System zerstören? Es ist Unwissenheit, oft auch Bequemlichkeit, und manchmal ein Sich-nicht-darüber-informieren-Wollen, was überhaupt ein Eingriff ist, wo er eingreift und was er anrichtet. Doch hier bessert sich manches. Direkte, lokale Zerstörungen werden seltener. Denn immer leichter läßt sich heute die Spur zum Missetäter zurückverfolgen. Dagegen sind es immer häufiger Überraschungen von unerwarteter Seite, die uns auf diesem Planeten zu schaffen machen. Plötzliche Änderungen auf einem Gebiet, in das wir bewußt gar nicht eingegriffen haben.

Viele Einwirkungen sind eben nicht dort zu Ende, wo sie zunächst hinzielen, sondern können über unerkannte Rückkoppelungen – manchmal sofort, manchmal mit zeitlicher Verzögerung – sogar ins Gegenteil dessen umschlagen, was beabsichtigt war.

In dieser Themengruppe sind mehrere Beispiele analysiert, die uns zeigen, wie auch durch gutgemeinte Eingriffe Systeme zerstört werden können. Der Besucher erfährt dabei durch seine eigene Betätigung am Modell, wohin Planungen führen, die die kybernetische Vernetzung des Gesamtsystems außer acht lassen.

AR

18

Assuan-Staudamm
18

Assuanstaudamm

Thema: Veränderung von Ökosystemen

An einem Modell des Niltals wird die ursprüngliche Landschaft durch Herunterlassen von Rollos wie durch Zauberei verändert. Zunächst erfährt man die Zusammenhänge vor dem Bau des Staudamms und wie man sie in der Planung sah, dann, wie sie sich nach dem Bau tatsächlich ergaben, und schließlich, wie man die unerwarteten Veränderungen dieses großen Ökosystems vielleicht korrigieren könnte. Das Ganze ein mit Milliarden Mitteln und vielem guten Willen betriebenes Projekt, das neben seinen erwünschten Folgen eine ganze Kette unerwünschter Konstellationen nach sich zog. So wie viele andere, die selbst heute noch in aller Welt (und nicht zuletzt bei uns) geplant werden.

Auf einer weiteren Wand des Exponats ist ein anderer Fall, die Ankurbelung der peruanischen Fischindustrie und ihr gleichzeitig damit besiegelter Niedergang aufgezeigt. Auch hier wurde das Gleichgewicht eines Ökosystems so verändert, daß natürliche Störungen nicht mehr ausgeglichen wurden.

Exponat 18

Assuanstaudamm

Thema:
Umwandlung von Ökosystemen

Themengruppe F:
Wie man Systeme durch Eingriffe kaputtmacht.

Modellbau:
Hannes Burkhardt, München

Sponsor:
Gottlieb-Duttweiler-Institut, Zürich-Rüschlikon

18

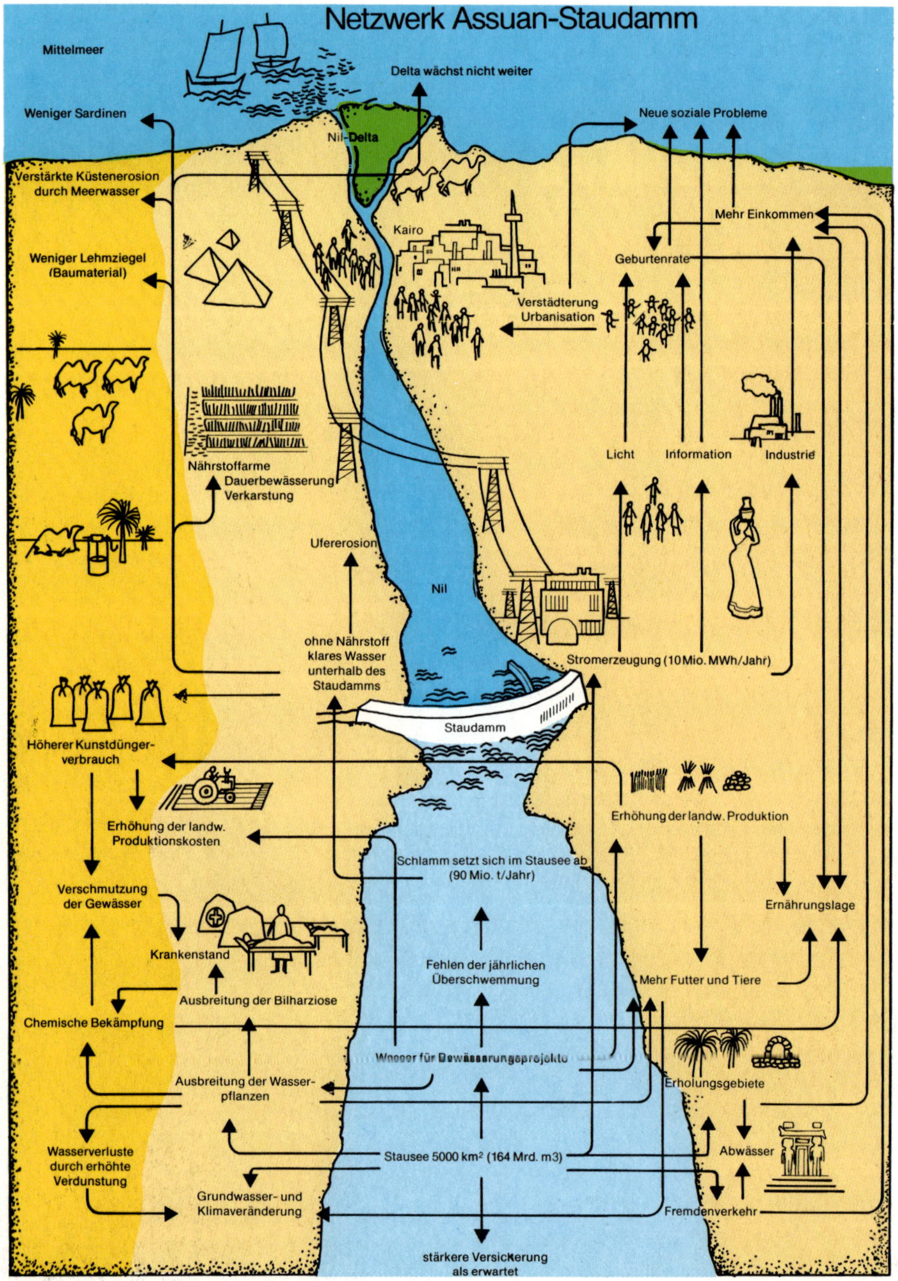

Netzwerk Assuan-Staudamm
Mittelmeer
Delta wächst nicht weiter
Weniger Sardinen
Nil-Delta
Neue soziale Probleme
Verstärkte Küstenerosion durch Meerwasser
Mehr Einkommen
Kairo
Weniger Lehmziegel (Baumaterial)
Geburtenrate
Verstädterung Urbanisation
Licht
Information
Industrie
Nährstoffarme Dauerbewässerung Verkarstung
Ufererosion
Nil
ohne Nährstoff klares Wasser unterhalb des Staudamms
Stromerzeugung (10 Mio. MWh/Jahr)
Staudamm
Höherer Kunstdünger-verbrauch
Erhöhung der landw. Produktion
Erhöhung der landw. Produktionskosten
Schlamm setzt sich im Stausee ab (90 Mio. t/Jahr)
Verschmutzung der Gewässer
Ernährungslage
Krankenstand
Fehlen der jährlichen Überschwemmung
Mehr Futter und Tiere
Ausbreitung der Bilharziose
Chemische Bekämpfung
Wasser für Bewässerungsprojekte
Ausbreitung der Wasser-pflanzen
Erholungsgebiete
Wasserverluste durch erhöhte Verdunstung
Abwässer
Stausee 5000 km² (164 Mrd. m3)
Grundwasser- und Klimaveränderung
Fremdenverkehr
stärkere Versickerung als erwartet

Wir sind hellhörig geworden gegenüber direkten Schädigungen wie Gifteinleitung in Gewässer, Luftverpestung oder Ausrottung von Tierarten. Doch immer noch sind wir verblüfft, wenn zunächst gar nicht als nachteilig empfundene Entwicklungen wie Straßenbau, Einführung von Monokulturen oder eine intensivere Wasserversorgung natürliche Ökosysteme aus dem Gleichgewicht bringen und wenn deren gewaltige Leistung nun auch für uns plötzlich nachläßt. Ihr Verlust beschleunigt daher nur allzuoft den Zusammenbruch auch unserer eigenen Wirtschaftszweige.

Besonders weitreichend, wenn auch nicht in dem Maße negativ, waren die Rückwirkungen in Ägypten durch den Bau des Assuanstaudamms. Dieses großartige Projekt zur Landbewässerung und Energieerzeugung, in welches jedoch, wie bei vielen ähnlichen Plänen, gründliche ökologische Überlegungen nicht einbezogen wurden, brachte dadurch Überraschungen auf fast allen Sektoren.

So übertraf z. B. die Verdunstung des Stauwassers alle Berechnungen (unter anderem durch sich in den Kanälen ausbreitende Wasserhyazinthen, die zudem noch zur Brutstätte von Bilharziose übertragenden Schnecken wurden). Das nährstoff- und schlammarme Stauwasser verlangte künstliche Düngung im Niltal und zerstörte zunehmend die Flußufer.

Dauerbewässerung versalzte die Felder, und das fruchtbare Delta an der Flußmündung hörte auf zu wachsen. Selbst die Küstenfischerei wurde durch den Nährstoffmangel vorübergehend ausgelöscht. Typische Spätfolgen, wie sie durch vernetzte Wechselwirkungen zustande kommen.

In neueren Plänen wird daher überlegt, ob man vielleicht durch die Anlage eines Nebenkanals oder durch ein Abpumpen des Schlamms aus dem Staubecken oder durch stärkeren Abfluß unter Verkleinerung des Stausees den immer mehr auf Kunstdünger angewiesenen Feldern wieder kostbaren Nilschlamm zuführen könnte. Hier mögen also Korrekturen möglich sein. Problematischer sind Pläne, nach denen Teile des Nildeltas zur Landgewinnung trockengelegt würden (mit verheerenden Folgen für Fischfang, Zugvogel- und Insektenökologie) oder nach denen die fossilen Wassermengen unter der Wüste westlich des Nils angezapft würden (was zu einer gefährlichen Scheinblüte führen würde, da der Vorrat begrenzt ist und zudem eine Versalzung der Böden und geologische Veränderungen drohen).

Die Praxis zeigt jedenfalls, daß eine kluge Nutzung der bereits gegebenen Möglichkeiten eines Ökosystems auf die Dauer weit mehr bringt als eine unbekümmerte Veränderung – auch wenn diese momentan etwas Gewinn abwerfen sollte.
Die Auswirkungen des technokratischen Gedankenguts unserer Industrienationen (die nicht nur selbst Tag für Tag weitere stümperhafte Pläne dieser Art verwirklichen, sondern sie auch noch in alle Welt exportieren) treffen daher gerade diejenigen Länder, die ihren Abstand zu unserem technischen Lebensstandard rasch aufholen wollen, jedoch durch die unreflektierte „Entwicklungshilfe" fachblinder Experten dann auch noch ihre bisherige Stabilität verlieren.
So geschehen bei der hochmodernen, aber völlig unökologischen Ausbeutung der natürlichen peruanischen Rohstoffquellen: Sardellen und Guano-Dung (oben und Mitte). Als der nährstoffreiche kalte Humboldtstrom einmal vorübergehend durch den nährstoffarmen Niñostrom verdrängt wurde, reichten die übriggelassenen Fischreserven zur Fortpflanzung nicht mehr aus. Die Fischgründe waren erschöpft, die Fischmehlproduktion brach zusammen, und auch die Guanovögel, die sich von den Fischen ernährten und deren Dung die zweite große Absatzquelle abgab, waren ebenso plötzlich verendet oder hatten sich nach anderen Gegenden verzogen (unten).
Fazit:
Mit bester Absicht wurde eine Monowirtschaft ins Extrem getrieben und vernichtete sich prompt selbst.

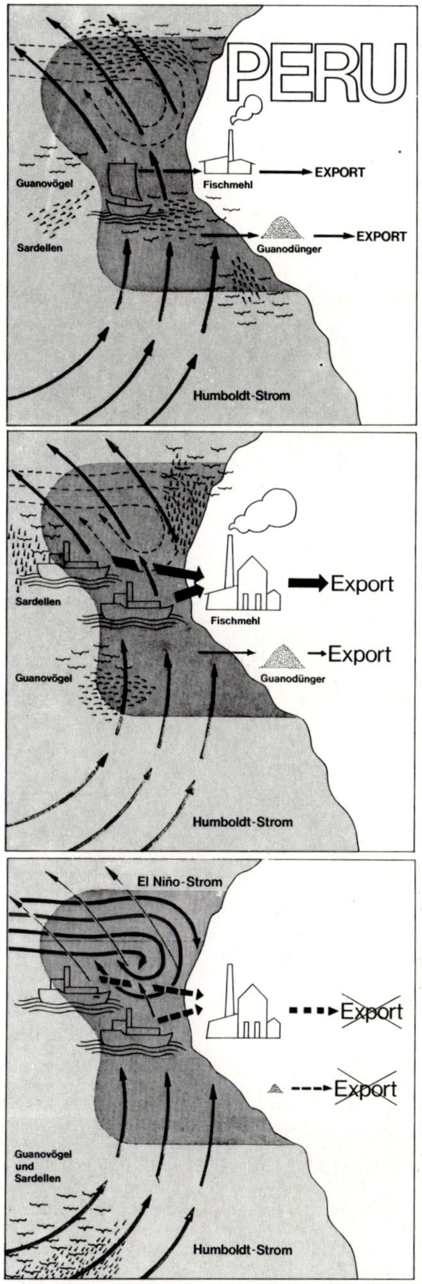
PERU
Guanovögel
Fischmehl
EXPORT
Sardellen
Guanodünger
EXPORT
Humboldt-Strom
Sardellen
Export
Fischmehl
Guanovögel
Export
Guanodünger
Humboldt-Strom
El Niño-Strom
Export
Export
Guanovögel und Sardellen
Humboldt-Strom

19

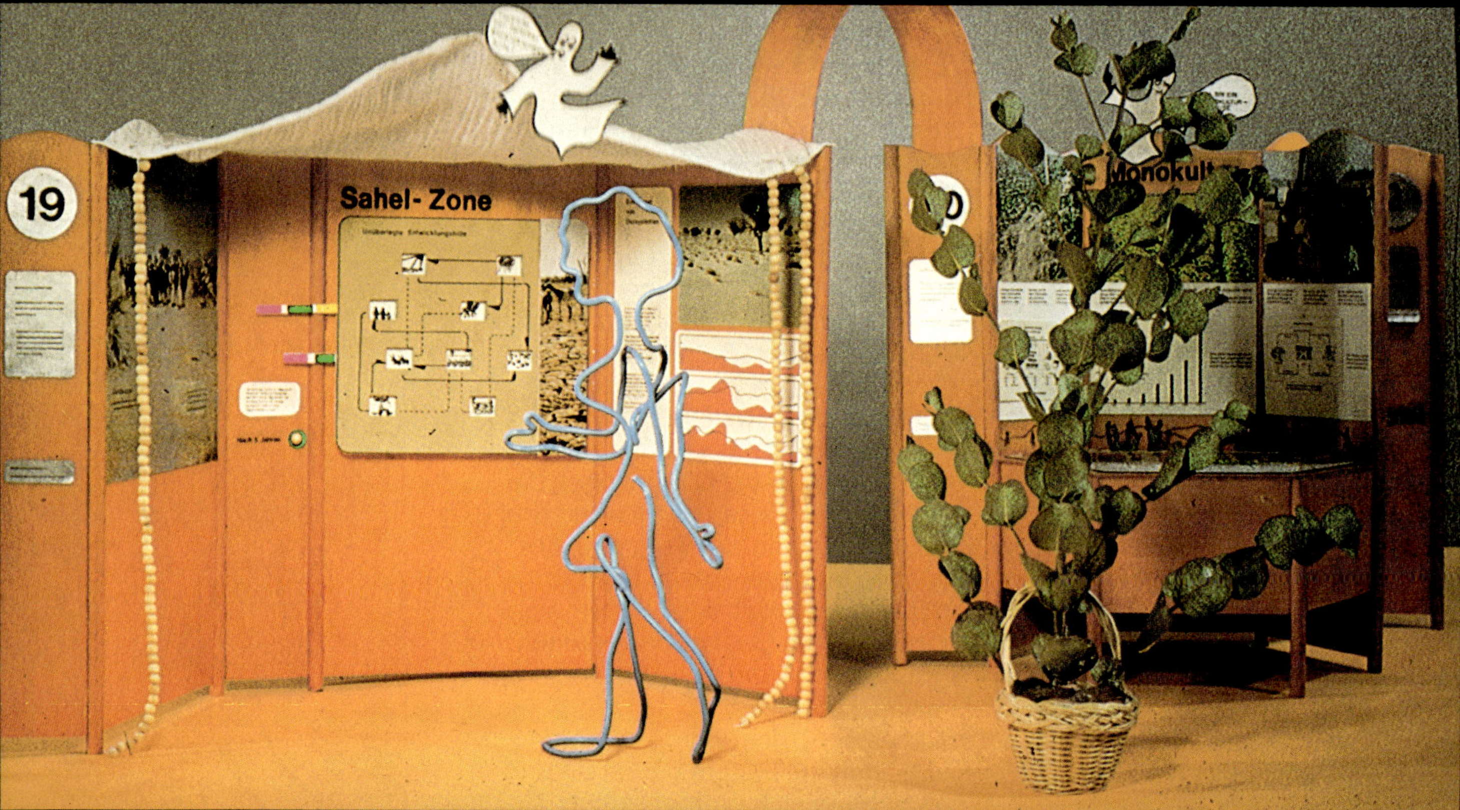
19
Sahel- Zone

Sahel-Zone

Thema: Aufhebung von Regelkreisen

Unvernetzt geplante, wenn auch gutgemeinte Eingriffe, wie sie etwa für die klassische Entwicklungshilfe typisch sind, können auch Menschenleben kosten. So bei der Hungerkatastrophe 1972/73 im afrikanischen Sahel-Gürtel, weil falsch verstandene Entwicklungshilfe ökologische Regelkreise aufhob und mehr Schaden anrichtete als Nutzen.

Dies erfährt der Besucher an einem zeltüberdachten Schiebekasten, an dem er sich mit Hilfe einer gekoppelten Mechanik die Veränderungen durch technische, chemische und medizinische Entwicklungshilfe vor Augen führen kann. Je nach der von ihm gewählten Kombination dieser Eingriffe ergeben sich andere Wirkungen. Der Schiebekasten ist flankiert von zwei Tafeln mit Großfotos von Trockengebieten und der Darstellung einer mathematischen Simulation, die zeigt, daß die Hauptauswirkungen solcher Eingriffe heute vorhersehbar sind.

Exponat 19

Sahel-Zone

Thema:
Aufhebung von Regelkreisen.

Themengruppe F:
Wie man Systeme durch Eingriffe kaputtmacht.

Modellbau und finanzielle Förderung: Institut für die Pädagogik der Naturwissenschaften (IPN), Kiel.

19

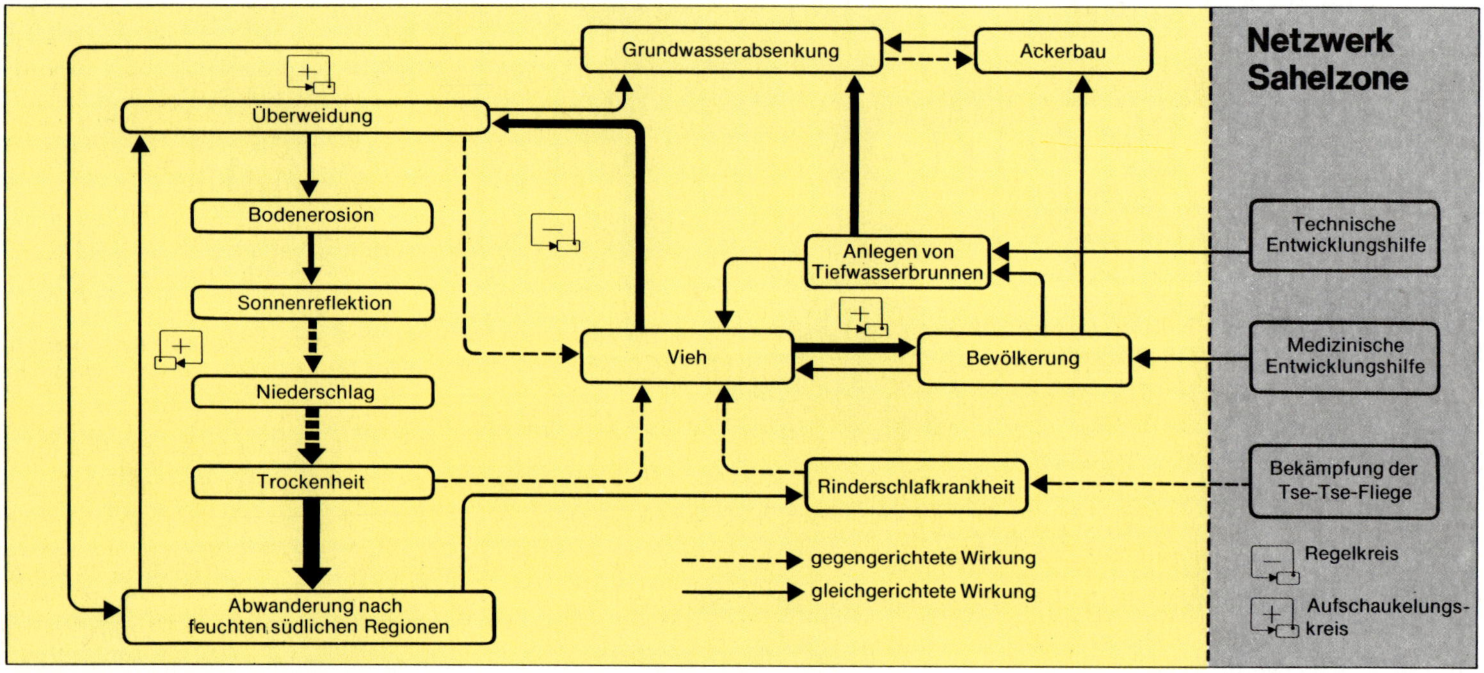
Netzwerk Sahelzone
Grundwasserabsenkung
Ackerbau
Überweidung
Bodenerosion
Sonnenreflektion
Niederschlag
Trockenheit
Abwanderung nach feuchten südlichen Regionen
Anlegen von Tiefwasserbrunnen
Vieh
Bevölkerung
Rinderschlafkrankheit
Technische Entwicklungshilfe
Medizinische Entwicklungshilfe
Bekämpfung der Tse-Tse-Fliege
gegengerichtete Wirkung
gleichgerichtete Wirkung
Regelkreis
Aufschaukelungs-kreis

Der obenstehende Netzplan zeigt in vereinfachter Form die in der Nomadenwirtschaft der Sahel-Zone zusammenspielenden Faktoren. Man erkennt eine größere Zahl verschachtelter Rückkoppelungen, die trotz eines zyklischen Auftretens starker Dürreperioden das System für Mensch und Vieh in einem gewissen Gleichgewicht halten. Die zunehmende Entwicklungshilfe in den 60er Jahren verbesserte zwar zunächst durch die Bekämpfung von Rinderkrankheiten den Viehbestand, durch Hygienemaßnahmen die Sterblichkeit der Bevölkerung und durch Brunnenbau die Wasserversorgung, verschob aber dadurch die natürlichen Grenzwerte (vgl. Exponat 8 und 12) und hob wichtige regulierende Rückwirkungen auf. Die in den Ablauf des Geschehens eingebauten Zeitverzögerungen ließen die Rückschläge erst sichtbar werden, als es für eine Korrektur des eingeschlagenen Weges zu spät war (vgl. Exponat 15). In unserem Netzplan kann man verfolgen, wie die zunächst begrüßenswerte Erhöhung des Viehbestandes aus der klimatischen Dürre – im Osten noch verstärkt durch die geringe Wolkenbildung auf Grund zunehmender Abholzungen im benachbarten Abessinischen Hochland – erst eine Katastrophe machte.

Der plötzliche Aufschwung in der Nomadenwirtschaft führte zur starken Überweidung des Graslandes und zur Bevölkerungszunahme. Nach einer ersten Absenkung des Grundwassers wurde mit technischer Entwicklungshilfe eine Kette von Tiefwasserbrunnen angelegt, an der entlang sich die Rinderherden konzentrierten, bis schließlich die Wasservorsorgung für Mensch, Tier und Pflanze gänzlich zusammenbrach und die Vegetationsschäden durch die veränderte Bodenabstrahlung das Klima noch zusätzlich ungünstig beeinflußten.

19

In diesem Geschehen wirkten Zeitverzögerung, Übersteuerung und Aufbrechen von Regelkreisen so zusammen, daß allein die durch den Wasserabbau entstehende positive Rückkoppelung die Dinge unaufhaltsam aufschaukelte. Eine Gesamtwirkung, die man durch entsprechende Berechnungen mit einem sogenannten Simulationsmodell durchaus hätte voraussagen können. In einem solchen Modell bringt man die wichtigsten Faktoren des Systems in ein Netz mathematischer Beziehungen und simuliert nun den Ablauf der Ereignisse im Computer; z. B. durch Änderung der Rinderzahl oder der beweideten Grasfläche oder der Grundwasserentnahme. Nebenstehend ist das Ergebnis einer solchen Simulation für die drei wichtigsten Komponenten, nämlich Bodenfruchtbarkeit, Bevölkerungszahl und Viehbestand, über einen größeren Zeitraum mit und ohne die Maßnahmen der „klassischen" Entwicklungshilfe dargestellt. Die Berechnung zeigt, daß dieser Typ der Entwicklungshilfe hier offenbar nicht nur keine Hilfe ist, sondern die Situation in einem Entwicklungsland nur verschlimmern kann. Selbstverständlich zieht man inzwischen solche Berechnungen auch in neuere Planungen mit ein und geht zunehmend von jenem „klassischen" unvernetzten Typus ab.

„Vorsicht vor falscher Entwicklungshilfe!"

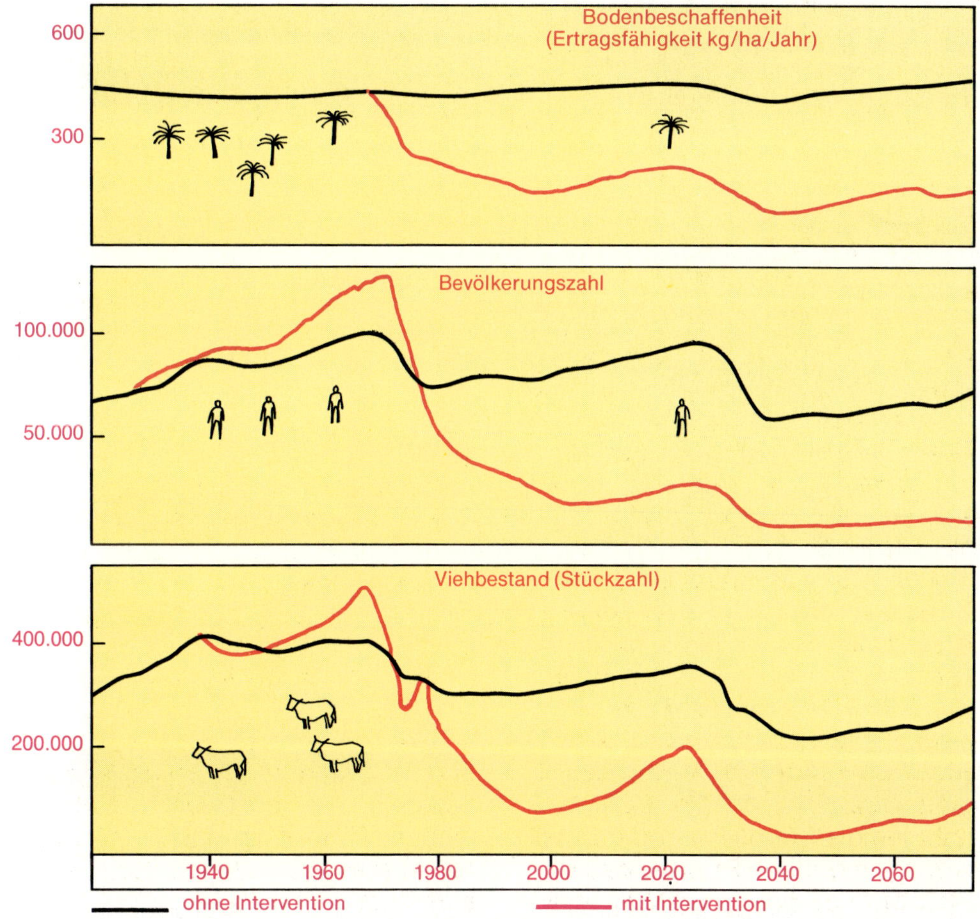
Bodenbeschaffenheit
(Ertragsfähigkeit kg/ha/Jahr)
600
300
Bevölkerungszahl
100.000
50.000
Viehbestand (Stückzahl)
400.000
200.000
1940
1960
1980
2000
2020
2040
2060
ohne Intervention
mit Intervention

20

Monokultur
20

Monokultur

„Ich bin ein
Monokultur-
banause!"

Thema: Zerstörung der Diversität

Eine optimale Landwirtschaft verlangt wie alle dynamischen Systeme eine gewisse Diversität, eine abgestimmte Artenvielfalt in Pflanzenanbau und Tierhaltung. Eine übertriebene Rationalisierung unter Anlage von Monokulturen und Massentierhaltungen zerstört die natürliche Vernetzung und dadurch wichtige Symbiosen und kostenlose Hilfen der Selbstregulation. Dies bereitet dem Gesamtsystem auf die Dauer tiefgreifende Schäden. Je weniger wir von der unentgeltlichen Leistung intakter Ökosysteme profitieren, desto kosten- und energieintensiver wird auch die Landwirtschaft.

Diese Zusammenhänge sind durch eine Modell-Landschaft veranschaulicht, die sich mehrfach verwandeln kann. Mit einer Kurbel kann sich der Besucher die verschiedenen Arten der Bodenbewirtschaftung selbst „erdrehen". Die jeweils entstehende landwirtschaftliche Struktur ist gekoppelt mit einer Angabe der dadurch veränderten Gesamtbilanz: Ertrag, Betriebskosten, Energiebedarf und ökologischer Nutzen.

Exponat 20

Monokultur

Thema:
Zerstörung der Diversität

Themengruppe F:
Wie man Systeme durch Eingriffe kaputt macht

Modellbau:
Stadler und Gamma, Luzern

Sponsor:
Stiftung Mittlere Technologie, Kaiserslautern

20

Anbau – mit oder gegen die Natur?

In unserem Modell werden drei mögliche Strukturen ein und derselben Landschaft gezeigt. Zunächst eine ursprüngliche Bauernlandschaft mit großer Produktionsvielfalt: mehrere Getreidesorten, Viehhaltung, Obst-, Futter- und Gemüseanbau; arbeitsintensiv, unrationell, aber halbwegs stabil.

Dann die gleiche Gegend. Verändert durch die konventionelle Agrarindustrie auf Kosten der Umwelt: Mit großflächigen Monokulturen, abgetrennter Tierhaltung und extremer Rationalisierung. Die Folge ist zwar höhere Produktion, aber auch geringere Stabilität. Man ist jetzt auf überhöhte äußere Zufuhr angewiesen: Dünger, Pestizide, Maschinen und Energie.

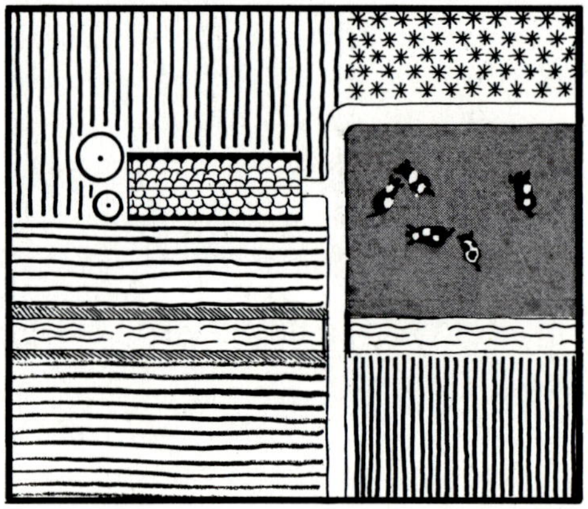

Schließlich das Bild einer modernen ökologischen Bewirtschaftung mit ebenfalls hoher Produktivität, jedoch großer Artenvielfalt, geringem Schädlingsbefall und einer ausgewogenen Balance zwischen Mensch und Natur.

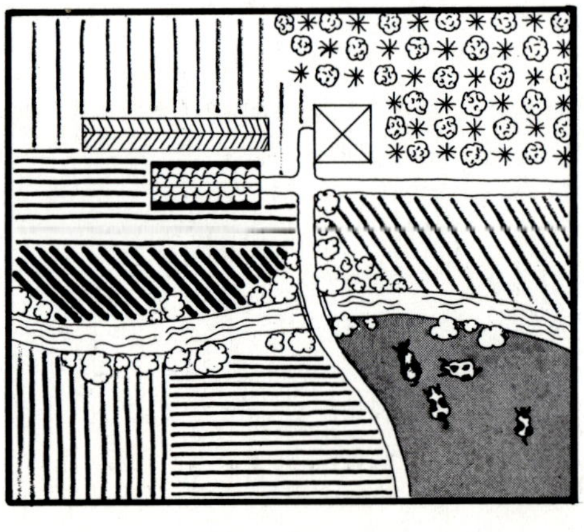

Die landläufige Meinung ist, daß ökologischer Landbau gut und schön sei, aber viel zu umständlich, von geringem Ertrag und dadurch nicht wettbewerbsfähig. Das Gegenteil wurde jetzt in gründlichen agrarwissenschaftlichen Untersuchungen der National Science Foundation in den USA festgestellt. Die detaillierte Bilanz von 32 größeren Farmen des gleichen Getreidegürtels, von denen 16 mit den üblichen und 16 mit ökologischen Anbaumethoden arbeiteten, ergab, daß die ökologische Gruppe den gleichen Ertrag und den gleichen Marktwert pro Hektar erzielen konnte wie die konventionelle Gruppe. Doch diese, mit ihren Monostrukturen und ihrem hohen Einsatz von Pestiziden, Industriedüngern und Maschinisierung, war dreimal (!) so energieintensiv wie die ökologische Gruppe und lag in den Gesamtbetriebskosten pro Hektar um 50 % höher.
Hinzu kommt – auch das zeigen amerikanische Großuntersuchungen – daß eine ökologische Bewirtschaftung durch ihre größere Artenvielfalt generell auch eine höhere Sonnenenergieausnutzung hat. Monostrukturierung durch Flurbereinigung, Flußbegradigung, Entfernung von Hecken und Feuchtgebieten setzt daher mit sinkender Vielfalt nicht nur die Stabilität, sondern auch die Produktivität des Ökosystems herab. Dies muß dann durch erhöhten Energieeinsatz wettgemacht werden.

20

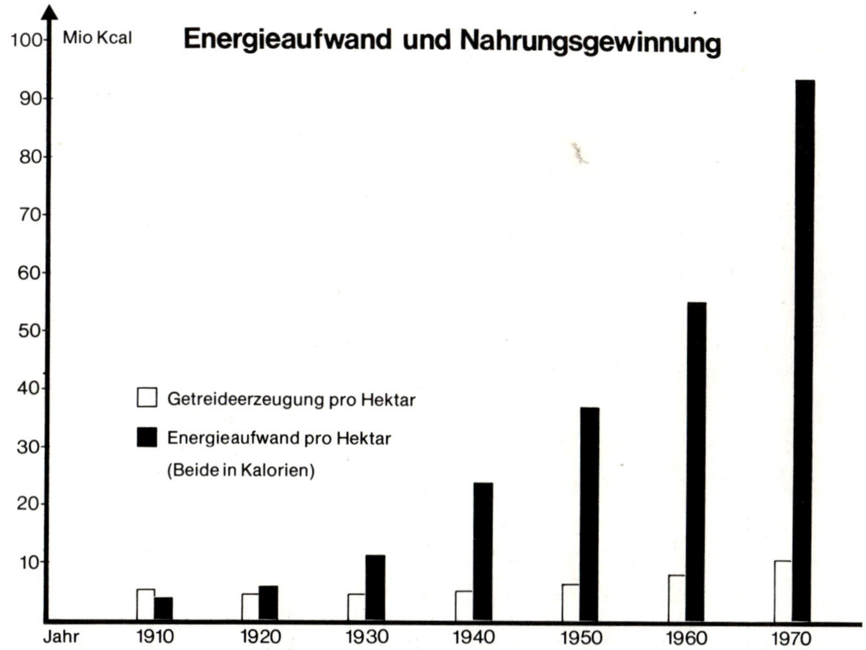
Energieaufwand und Nahrungsgewinnung
Mio Kcal
100
90
80
70
60
50
40
30
20
10
Getreideerzeugung pro Hektar
Energieaufwand pro Hektar
(Beide in Kalorien)
Jahr
1910
1920
1930
1940
1950
1960
1970

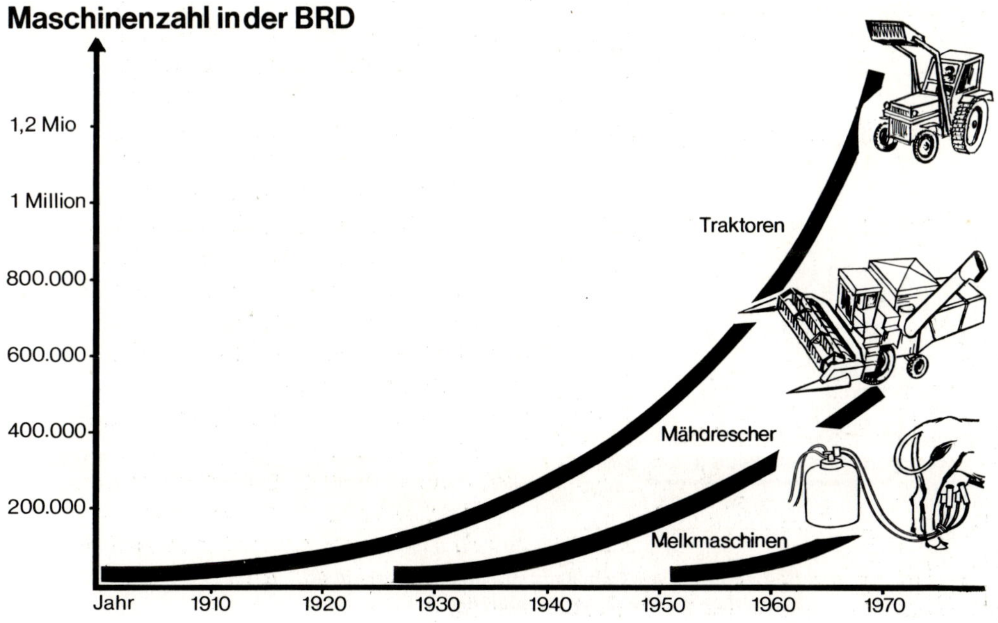
Maschinenzahl in der BRD
1,2 Mio
1 Million
800.000
600.000
400.000
200.000
Traktoren
Mähdrescher
Melkmaschinen
Jahr
1910
1920
1930
1940
1950
1960
1970

Die Nahrungsmittelproduktion pro Hektar Anbaufläche hat sich seit Beginn dieses Jahrhunderts verdoppelt, die dafür hineingesteckte Energie jedoch verzwanzigfacht! Die landwirtschaftliche Energiebilanz zwischen Input und Output zeigt heute das absurde Mißverhältnis von 9:1 (!). Ein ökologischer Anbau mit Mischkulturen unter klugem Einsatz natürlicher Kreisläufe würde ohne Produktionsverminderung den Energiebedarf schlagartig auf ein Drittel reduzieren können.

Der Trend zur Monokultur zog eine intensive Maschinisierung nach sich. Gleichzeitig ging der in der Landwirtschaft tätige Bevölkerungsanteil von einstmals 80 % auf 2,5 % zurück. Ökologischer Anbau würde ohne Kostensteigerung neue landwirtschaftliche Arbeitsplätze schaffen.

20

Es zeugt von Unwissenheit und unvernetztem Denken, daß heute die klassische Landwirtschaft immer noch mit Milliardenbeträgen unterstützt wird, während man den ökologischen Anbau als unwirtschaftlich abtut. Dabei war dessen *indirekter* volkswirtschaftlicher Nutzen (über die erhöhte Wasserhaltefähigkeit der Böden, die verringerte Gewässerbelastung, die gesparten Klärwerke, die rückstandsfreien Nahrungsmittel, die Vitalisierung der Böden, die verhinderte Erosion usw.) in den Berechnungen des amerikanischen Großversuchs nicht einmal berücksichtigt.

Konsequenzen von Monokulturen

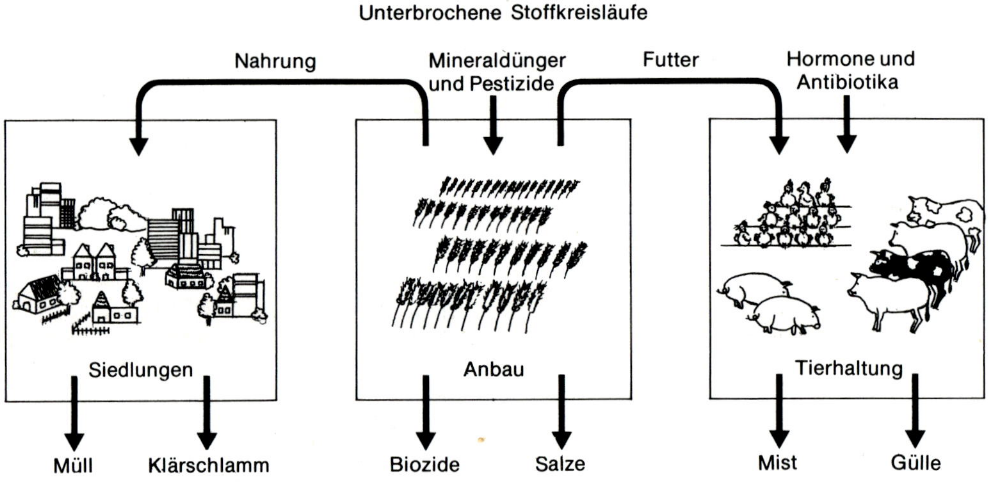
Unterbrochene Stoffkreisläufe
Nahrung
Mineraldünger und Pestizide
Futter
Hormone und Antibiotika
Siedlungen
Anbau
Tierhaltung
Müll
Klärschlamm
Biozide
Salze
Mist
Gülle

6-fache Umweltbelastung. Hohe Fremdabhängigkeit

Selbstverständlich ist es nicht damit getan, einfach Pestizide wegzulassen und Industriedünger durch Kompost und Viehdung zu ersetzen. Auch hier muß man das ganze System betrachten. Erst wenn man die vielfältigen Wechselwirkungen zwischen Bodenstruktur, Klimabedingungen, Mikro- und Makrolebewelt und Produktionsweise in seine Strategie mit einbezieht, kommt man zu einer auf die Dauer profitablen und damit überlebensfähigen Form der Landbewirtschaftung.

Konsequenzen der Diversität

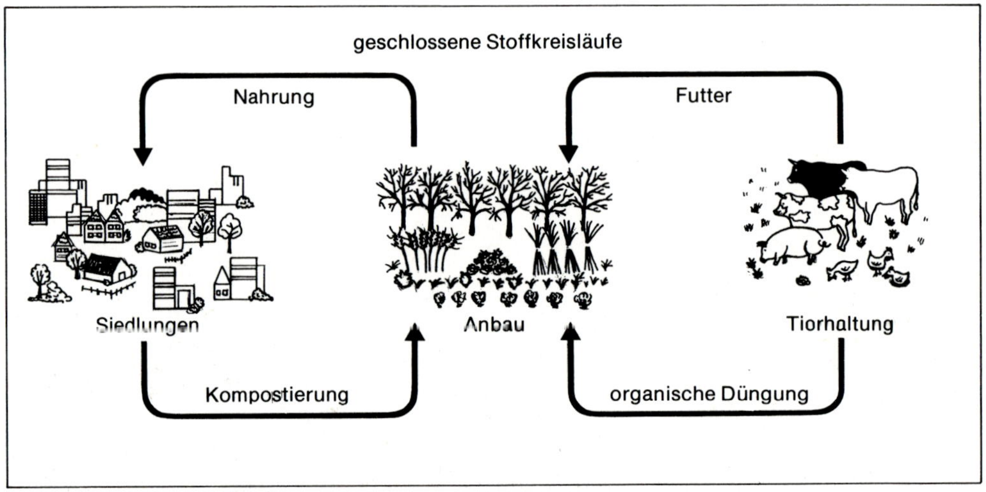
geschlossene Stoffkreisläufe
Nahrung
Futter
Siedlungen
Anbau
Tiorhaltung
Kompostierung
organische Düngung

Verbesserung von Bodenstruktur und Wasserhaltung. Entlastung der Gewässer. Sanierung der Landschaft.

20

Die Landwirtschaft ist ein dynamisches System. Will sie überleben, so kann sie an gewissen Systemgesetzen nicht vorbeigehen. Z. B. daran, daß die Stabilität eines überlebensfähigen Systems auf seiner Diversität beruht. In diesem Falle auf dem Zusammenspiel einer Vielfalt von Pflanzen- und Tierarten.

Monokulturen und Massentierhaltung sind nicht damit vereinbar. Denn hier werden Naturkräfte nicht durch geringfügige Steuerenergie zum eigenen Nutzen gelenkt, sondern es wird mit einem unnötig hohen Energieaufwand gegen sie gearbeitet. Kein Wunder, daß sich ein solches System nicht mehr alleine aufrechterhalten kann. Noch verstellen kurzfristig erzielte Ertragssteigerungen den Blick für den Preis der letztlich zu zahlen ist:

- Höhere Anfälligkeit von Pflanzen und Tieren.
- Hoher Bedarf an künstlichen Mineraldüngern und Pflanzenschutzmitteln.
- Intensive Maschinisierung und Rationalisierung unter Wegfall von Arbeitsplätzen.
- Rückgang der freilebenden Pflanzen- und Tierarten.
- Auslaugung der Böden bis zur Erosion.
- Gewässerverschmutzung und Schadstoffanstieg in den Nahrungsmitteln.
- Drastische Erhöhung des Energiebedarfs.

Themengruppe G:

Wie sich Systeme durch Selbststeuerung nutzen lassen

Die Vernetzungen in einem System – das zeigten die letzten Themengruppen – haben uns durch Zeitverzögerungen, Rückkoppelungen und Wirkungsketten so manche unerwarteten Rückschläge bereitet. Dieses Geschehen in seiner komplexen Dynamik voll zu erkennen und somit jenen Überraschungen vorzubeugen, scheint für den normalen Sterblichen unmöglich. Doch gibt es einen Weg.

Die Exponate dieser Gruppe sollen zeigen, daß die Vernetzungen in einem System eigentlich nur dann unangenehme Folgen haben, wenn man in grober Weise gegen grundlegende kybernetische Gesetzmäßigkeiten verstößt. So wie wenn man in der Verkehrstechnik die Zentrifugalkraft außer acht lassen würde und sich dann wundert, wenn man aus der Kurve fliegt.

Es sind dies eine Handvoll simpler Prinzipien. Zum Beispiel dasjenige des „Jiu-Jitsu", wo man – im Gegensatz zur Boxermentalität – die Kräfte des Gegners nicht mit Gegenkraft zu vernichten sucht, sondern sie mit ein paar Hebeltricks für sich nutzt. Oder das Prinzip der Symbiose, wo artfremde Organismen durch gegenseitige Nutzung profitieren, was allerdings nur beim Zusammenleben *verschiedener* Arten (bzw. Branchen, Lebensbereiche etc.), also bei kleinräumiger Diversität möglich ist. So läßt sich nicht nur auf einfache Weise jenen Folgen vorbeugen, sondern – und sei die Vernetzung auch noch so komplex – es wird auf einmal möglich, gerade jene Vernetzung geschickt und mit großem Vorteil für alle zu nutzen.

Dies ist bereits selber wieder eines jener Grundprinzipien vernetzter Systeme: um mit ihnen zurecht zu kommen, braucht man nur ihre grobe Struktur zu erfassen und den natürlichen Systemen ein wenig ihre Tricks abzuschauen, die sich im Laufe der Jahrmillionen als nützlich erwiesen haben.

Auf diese Weise lehren uns lebende Systeme – anders als beim Studium der nichtlebenden Materie – ihre Geheimnisse weniger durch detaillierte Analyse als durch Muster und Gleichnisse.

Landschaftmachen
21
Wechselwirkungen rechtzeitig nutzen !
21

Landschaft Machen

Thema: Nutzung von Wechselwirkungen

Der Besucher klopft auf eine große, mit Sand gefüllte Plexiglasplatte. Durch die Wechselwirkung zwischen den Schwingeigenschaften der Platte, der Beschaffenheit des Sandes, der Klopfstärke und der Auflagestelle bilden sich in kürzester Zeit von ganz alleine vollendete Landschaftsformen. Miniaturlandschaften, die man an Ort und Stelle, und ohne dieses Wechselspiel zu nutzen, niemals mit so wenig Aufwand (und selbst bei noch so großem Bemühen auch niemals in dieser harmonischen Struktur) konstruieren könnte. Umrahmt ist das Modell von einem echten Landschaftsfoto ähnlicher Struktur sowie mit Beispielen aus anderen Bereichen.

Exponat 21

Landschaft machen

Thema:
Nutzung von Wechselwirkungen

Themengruppe G:
Wie sich Systeme durch Selbststeuerung nutzen lassen

Modellbau:
Firma Burri AG, Zürich

Sponsor:
Gottlieb-Duttweiler-Institut, Zürich-Rüschlikon

21

Nutzung von Wechselwirkungen

Um bestimmte Naturgesetze nicht nur theoretisch, sondern auch über unsere Sinne erleben zu lassen, hat der Architekt und Künstler Hugo Kükelhaus neben anderen „Sinn-Spielen" auch diese Sandplatte erfunden. Durch rhythmisches Klopfen werden hier Schwingungsmuster erzeugt, auf deren Ruhepunkten sich der Sand anhäuft, während sich entlang der Vibrationslinien Täler bilden.

So entstehen je nach Art und Stelle des Klopfens wie durch Zauberhand herrliche Wüstenformationen, Steilküsten, Schärenlandschaften, Fjorde und Südseeinseln. Jede Einzelheit einer solchen „Landschaft" ist aus Wirkungen und Rückwirkungen mit dem „Ganzen" entstanden. Deshalb enthält auch jede Einzelheit in ihrer Form noch einen Rest des Ganzen, spiegelt in Gestalt und Lage die Wirkung auch der anderen Teile des Systems. Unser Auge und Gehirn kann dies durchaus erfassen – spürt es in Form von Harmonie und Rhythmus.
Die „künstliche" Herstellung einer solchen Sandlandschaft durch Aufhäufen, Gräben ziehen, Verteilen und Modellieren des Sandes würde sicher die 10-fache Zeit und einen weit höheren Energieaufwand erfordern als wenn wir wie hier die Dinge selbst aufeinander wirken lassen.

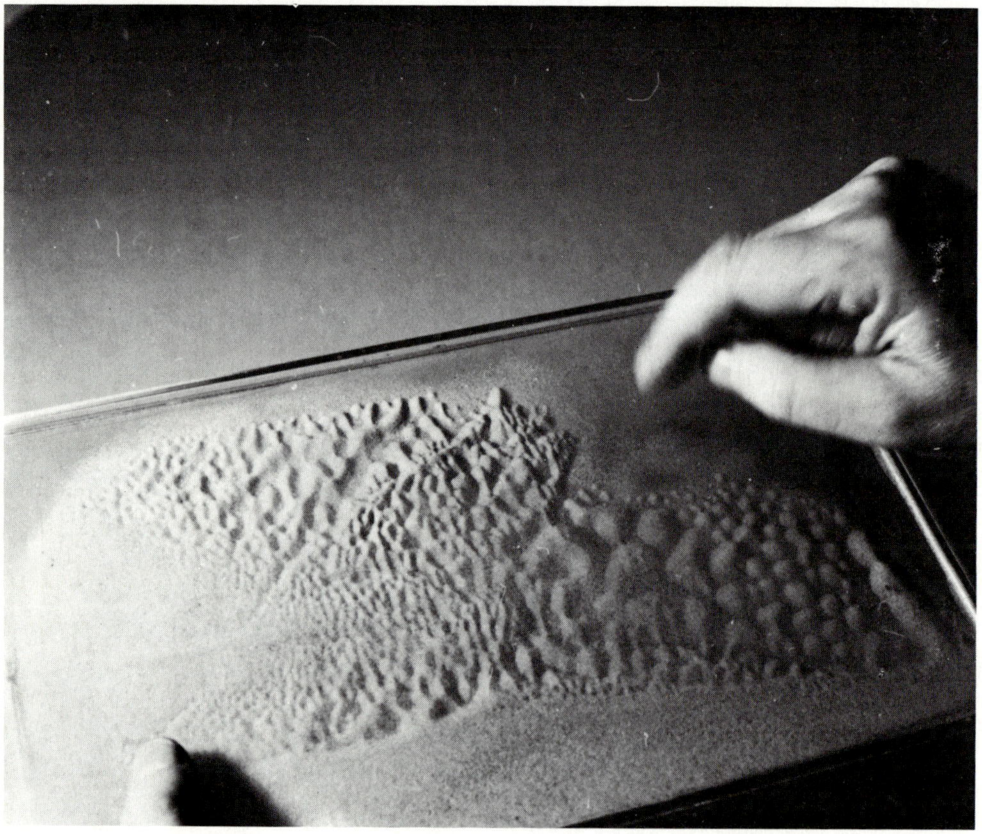

Was können wir daraus lernen? Wenn wir unsere Umwelt klug gestalten wollen, sollten wir auf die vorhandenen Wechselwirkungen achten und zunächst einmal die Gestaltungskräfte für uns arbeiten lassen, die den Dingen und ihrem Zusammenspiel innewohnen. Tun wir das nicht und setzen wir uns über das vorhandene Kräftespiel hinweg, so müssen wir dies mit hohem Energieeinsatz bezahlen (vgl. Exponat 20 und 22).

Vielfach brauchen wir gerade bei der Gestaltung funktionsfähiger Systeme kaum eigene Kraft, um etwas zu erreichen, nur Steuerenergie. Ja, eigene Kraft würde oft nur stören, mit vorhandenen Kräften kollidieren, und beide gingen in Reibung verloren. Trotz weit höherem Aufwand ist der Erfolg gleich null, und was entsteht, läßt den Zusammenhang vermissen und kann sich daher nicht alleine halten.

21

Wir lernen noch etwas aus unserem Spiel. Ist der Endzustand erreicht, die Landschaft ausgebildet, so steht sie mit den Wechselwirkungen im Gleichgewicht. Auch weiteres Klopfen verändert sie nicht mehr. Gestalten wir dagegen mit Gewalt, dann können wir weder spüren, wo wir aufhören müssen, noch ob wir vorhandene Wechselwirkungen zerstören. Haben wir einmal übersteuert, dann können wir nur noch korrigieren – mit weiterem Energieeinsatz und umständlicher Organisation.

Wir bauen Klärwerke und Ringleitungen – nachdem wir die Gewässer umkippen ließen. Legen künstliche Biotope an und Naturschutzparks – nachdem die Ökosysteme kaputt sind. Veranstalten Vogeltransporte und Bison-Impfungen – nachdem wir das natürliche Gleichgewicht zerstört haben. Errichten teure Erholungszentren (und zerstören auch dort wieder Gleichgewichte) – nachdem wir uns in unseren Städten nicht mehr wohlfühlen. Kostspielige Maßnahmen, weil wir die Selbstregulation von Systemen durcheinanderbrachten, statt ihre ordnenden Kräfte geschickt zu nutzen.

Blick über den nördlichen Negev in Richtung auf Sodom

Nie war Natur und ihr lebendiges Fließen
auf Tag und Nacht und Stunden angewiesen.
Sie bildet regelnd jegliche Gestalt
und selbst im Großen ist es nicht Gewalt.
Goethe, Faust II

22

22
Abfallkarussell
ERTRAG
KOSTEN
UMWELT
ENERGIE

Abfallkarussell

Thema: Nutzung von Symbiosen

Mit Symbiose bezeichnet man das enge Zusammenleben verschiedenartiger Organismen zum gegenseitigen Nutzen. Symbiose ist ein Grundprinzip lebender Systeme, ohne welches sich diese nie zu höheren Lebensformen hätten entwickeln können. Es gilt daher auch dieses Prinzip zu studieren und im Kleinen wie im Großen Erkenntnisse daraus zu ziehen – besonders für den wirtschaftlichen Sektor.

Gerade dort, wo heute wichtige Wechselwirkungen durch unsere Eingriffe unterbrochen wurden und statt gegenseitigem Nutzen allseitige Belastung übriggeblieben ist, muß der Mensch durch sinnvolle Kombinationen – indem er Symbiosen herstellt – eine neue profitable Selbststeuerung einführen.

An einem mechanischen Panoramamodell mit Klärwerk, Mülldeponie, Sägewerk, Landwirtschaft usw. wird demonstriert, wie entsprechende Symbiosemöglichkeiten verschiedener Produktionszweige aussehen könnten. Manche auf diese Weise in Gang gesetzte Symbiosen aus vorher isolierten Gewerbebetrieben führen dabei zu wirtschaftlich und ökologisch interessanten Lösungen.

Der Weg, den die Rohstoffe und Abfälle der verschiedenen Produktionszweige nehmen, kann vom Besucher im Modell verändert werden. Eine Reihe von Kombinationen sind möglich, deren unterschiedliche Gesamtbilanz durch eine Leuchtanzeige über Ertrag, Betriebskosten, Energieverbrauch und Umweltbelastung verdeutlicht wird.

Exponat 22

Abfallkarussell

Thema:
Nutzung von Symbiosen

Themengruppe G:
Wie sich Systeme durch Selbststeuerung nutzen lassen

Modellbau:
Hannes Burkhardt, München

Sponsor:
Stiftung Mittlere Technologie, Kaiserslautern

22

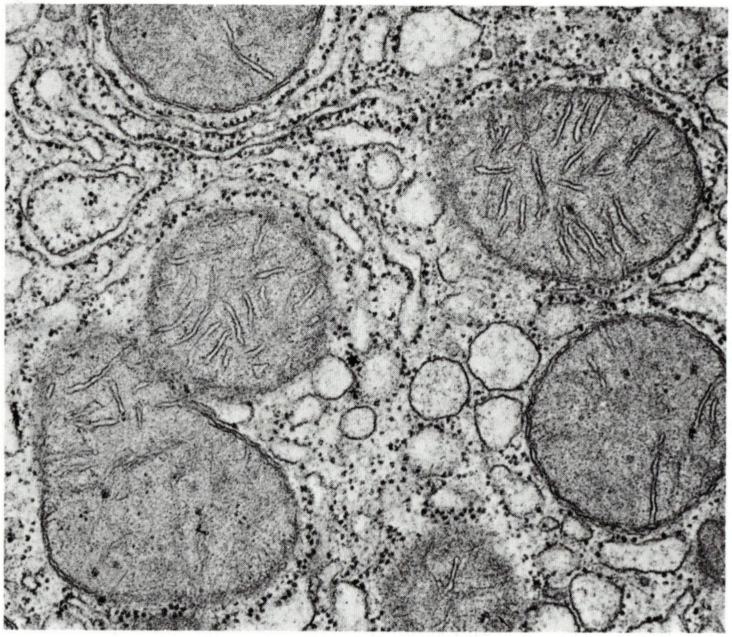

Das Prinzip des gegenseitigen Nutzens finden wir in der Natur in allen Bereichen: angefangen von der großen Symbiose zwischen Tier- und Pflanzenwelt (genauer zwischen Photosynthese und Atmung, die für den Kohlenstoffkreislauf auf diesem Planeten sorgen) über die bekannten Fälle des Zusammenlebens von Einsiedlerkrebs und Seeanamone, von Blattlausen und (den sie „melkenden") Ameisen oder von uns selbst und unseren Darmbakterien (die von unserer Nahrung leben und dafür wichtige Vitamine liefern). Ja, das Prinzip der Symbiose geht sogar hinunter bis in die Mikrodimensionen im Innern unserer Körperzellen. Denn auch diese leben in einer Art Dauer-Symbiose mit Organismen zusammen, die eigentlich gar nicht zu uns gehören: mit jenen bakteriengroßen Partikeln, den Mitochondrien, die als kleine Kraftstationen mit einem eigenen Informationsprogramm die Zellatmung besorgen; ganz ähnlich wie die Chloroplasten in der Pflanzenzelle, die dort die Photosynthese bewerkstelligen. Beide sind wahrscheinlich Überbleibsel einzelliger Ur-Bakterien, die sich vor vielen Millionen Jahren mit ebenso einzelligen „Pantoffeltierchen" zusammentaten und damit jene Symbiose schufen, mit der vielzellige Lebewesen – im einen Fall die Tiere, im anderen die Pflanzen – überhaupt erst möglich wurden.

22

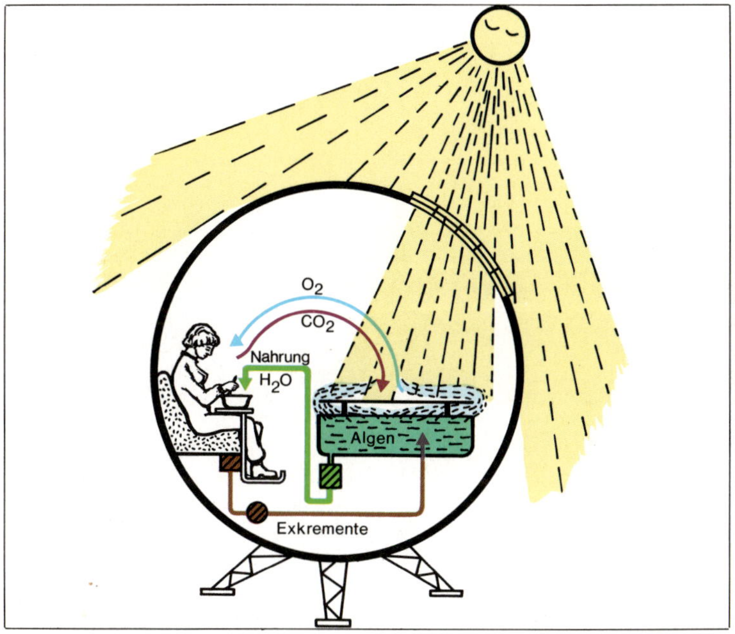

O_2
CO_2
Nahrung
H_2O
Algen
Exkremente

Ein etwas moderneres Beispiel für eine überlebensfähige Symbiose zweier besonders artfremder Organismen – nämlich von Mensch und Alge – demonstrierte eine russische Wissenschaftlerin. Sie begab sich im Rahmen eines Raumfahrtprogramms in eine hermetisch von der Außenwelt abgeschlossene Kapsel – ohne Luftaustausch und Nahrungszufuhr. Dort atmete sie ausschließlich ihre durch eine Algenkultur regenerierte eigene Luft und trank ein aus ihren eigenen Exkrementen regeneriertes Wasser. Die davon lebenden Algen waren selbst wieder eßbar und lieferten Proteine sowie Kohlenhydrate, deren Kohlenstoff bald wieder von der Astronautin in Form von Kohlendioxid ausgeatmet wurde. In der Kapsel, in der sie normalerweise höchstens eine Stunde, nämlich bis zum Verbrauch des Luftsauerstoffs überlebt hätte, verbrachte sie auf diese Weise einen ganzen Monat (!) und verließ, genauso wie die Algen, die Kapsel wieder gesund und munter.

Ganz nebenbei ist auch unsere Erde eine ebensolche Raumkapsel, nur mit entsprechend größerem Durchmesser und einer entsprechend zahlreicheren Besatzung. Auch hier müssen, soll das System stabil bleiben, die einzelnen Glieder so verflochten sein, daß sie sich bei einem kontinuierlichen Geben und Nehmen die Waage halten. Bei einem so geregelten Gleichgewicht gibt es dann auch praktisch keine Abfallprobleme, weil alle Produkte wieder in den Gesamtkreislauf eingefügt werden. Auch die Besatzung des Raumschiffs Erde wird daher bei ihrer Reise durch das All nur überleben, wenn sie ihre Wegwerf-Ideologie über Bord wirft und in Kreisläufen denkt und handelt.

22

Getrennt versorgte und entsorgte Gewerbebetriebe. Trotz vervielfachter Entsorgungskosten hohe Umweltbelastung.

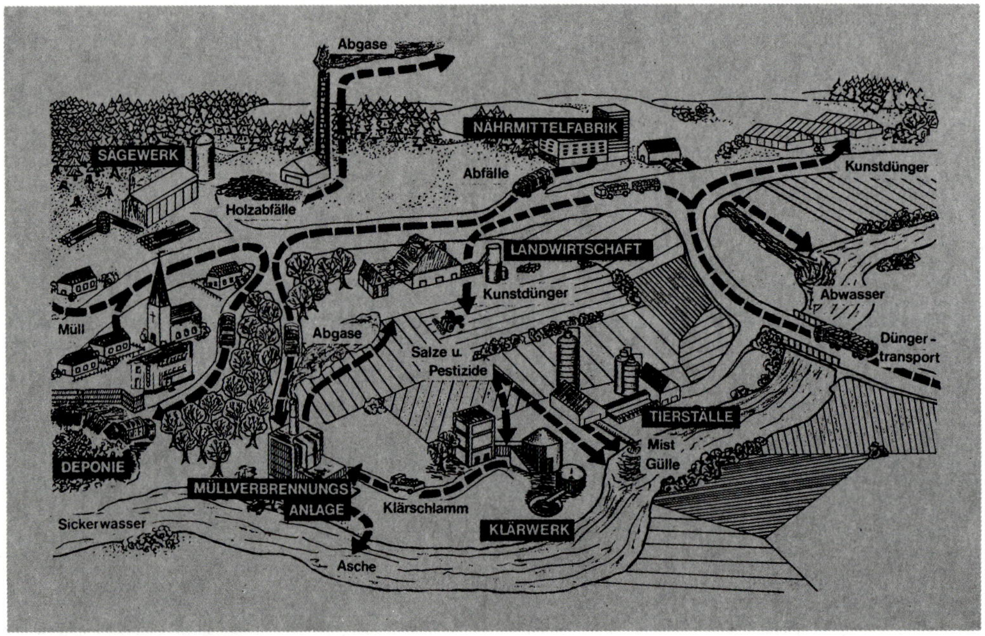
Abgase
NÄHRMITTELFABRIK
SÄGEWERK
Abfälle
Kunstdünger
Holzabfälle
LANDWIRTSCHAFT
Kunstdünger
Abwasser
Müll
Abgase
Salze u. Pestizide
Dünger-transport
TIERSTÄLLE
Mist
Gülle
DEPONIE
MÜLLVERBRENNUNGS ANLAGE
Klärschlamm
Sickerwasser
KLÄRWERK
Asche

Wenn in der Natur vorhandene Symbiosen und entsprechende Kreisprozesse, aus welchen Gründen auch immer, vom Menschen einmal unterbrochen sind, stellen sie sich meistens nicht mehr von alleine ein. Hier muß der Mensch durch sinnvolle Kombinationen und durch Ankurbelung neuer Symbiosen eine Steuerfunktion übernehmen, die früher die Natur erledigt hat.

Unser Abfallkarussell zeigt, daß die Lösung eben nicht darin liegt, daß man die konzentrierten Abfälle einer Nährmittelfabrik deponiert, den Siedlungsmüll ablagert oder verbrennt, daß man hunderttausende Tonnen scharf riechender Fäkalien aus Massentierhaltungen verdünnt und in die Flüsse kippt und dann ein zusätzliches Klärwerk baut oder – für die Abfälle eines Holzbetriebs – eine Anlage zur Vernichtung von Sägemehl, sondern darin, daß man solche Aufgaben in einem möglichst profitablen Kombinationsprozeß vereinigt – nicht zuletzt durch Symbiose artfremder Branchen.

Dabei werden andere Technologien, andere Marktstrukturen und auch andere Organisationsformen zum Zuge kommen, als wenn man, wie üblich, die Probleme einzeln angeht. Solange man dies tut und nur branchenorientiert denkt, wird man daher solchen Lösungen gegenüber blind sein, selbst wenn man sie vor Augen hat.
Warum sollten auch Klärwerke daran interessiert sein, phosphathaltige Abwässer mit Hilfe von Algen zu reinigen, wenn sie nicht wissen, wohin dann mit den Algen? Wie sollten Tierhaltungen ihren Mist der Landwirtschaft anbieten, wo dieser viel zu scharf und bakteriell verseucht ist? Warum sollten Holzwerke ihre Abfälle verkompostieren, wo sie wegen fehlender Nährstoffe für die Landwirtschaft uninteressant sind, und woher soll eine Nährmittelfabrik überhaupt wissen, daß ihre organischen Abfälle in Humus verwandelt werden können?

Durch „Symbiose" und „Recycling" verbundene Gewerbebetriebe. Stark reduzierte Entsorgungskosten trotz zusätzlicher Produktion. Minimale Umweltbelastung.

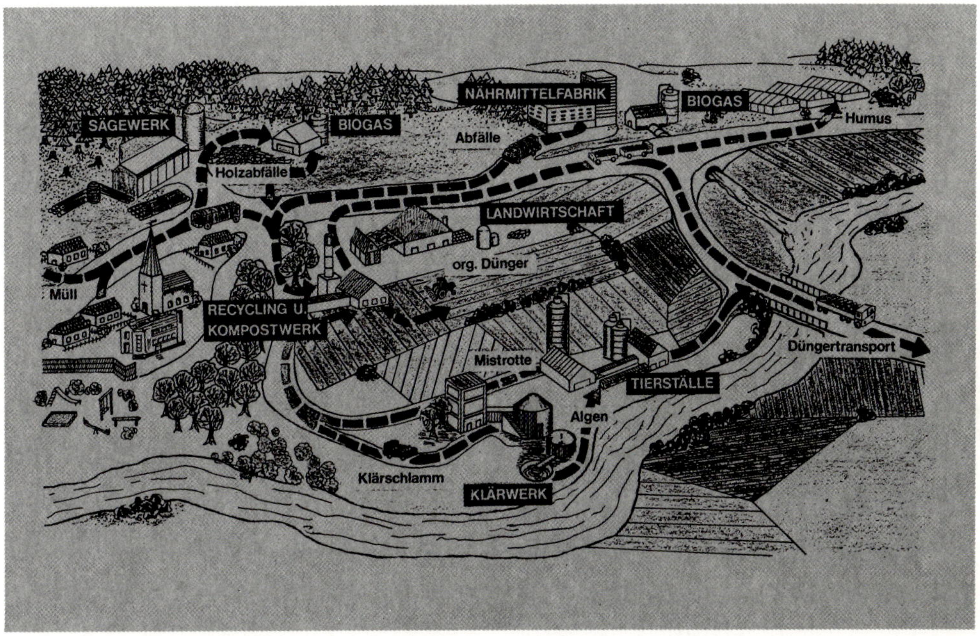

NÄHRMITTELFABRIK
BIOGAS
Humus
SÄGEWERK
BIOGAS
Abfälle
Holzabfälle
LANDWIRTSCHAFT
org. Dünger
Müll
RECYCLING U. KOMPOSTWERK
Düngertransport
Mistrotte
TIERSTÄLLE
Algen
Klärschlamm
KLÄRWERK

All dies ändert sich, sobald man die Probleme vernetzt, d. h. hier im Verbund angeht. So lassen sich auf unserem Abfallkarussell Kombinationen finden, die schlagartig mehrere der genannten Probleme lösen. Die Klärwerke könnten z. B. sofort ihr Phosphat- und Nitratproblem mit Algen lösen, wenn jemand anders diese Algen abnähme. Genau dieser Abnehmer wären Tierhaltungen. Sie könnten wieder Stroh in ihre Ställe einführen, mit den Algen der Klärwerke Mist und Gülle hygienisieren und zur aeroben Verrottung bringen. Die Sägeabfälle und geeigneter Siedlungsmüll würden dazu das nötige organische Strukturmaterial und reichhaltig Mikroben zur Revitalisierung der Böden liefern und die Nährmittelfabriken durch Kompostierung ihrer Abfälle wertvolle Humusstoffe beitragen, so daß auch die Landwirtschaft wieder von einem hochwertigen Humusdünger mit all seinen positiven Folgen profitiert (vgl. Exponat 20). Die nicht verkompostierbaren Siedlungsabfälle wiederum würden der Bauindustrie Müllsteine liefern, der Papierindustrie Zellulose und als neue Energieform eine Art von Biogas.

Die gesamte, unlösbar scheinende Situation, beginnend mit den verschiedensten Abfallproblemen und endend mit Luft- und Wasserverschmutzung, dem Umkippen von Gewässern, Fremdstoffen in der Pflanzen- und Tiernahrung und einer durch Mülldeponien und unnötige Transporte zerstörten Raumordnung könnte so ohne zusätzliche Kosten – ja mit einem riesigen Plus in der volkswirtschaftlichen Gesamtbilanz ein Ende finden. Ein Beispiel von vielen, wo sich, für den jeweiligen Standort wieder anders, durch vernetztes Denken und durch Nutzung von Symbiosen Belastungen schlagartig verringern und Probleme kleinräumig lösen lassen. Doch Symbiose verlangt zunächst Interesse für die andere „Branche", d. h. Informationsaustausch und Kommunikation. Der Stoff- und Energieaustausch stellt sich dann von alleine ein.

Das Kybernetische Haus
Kybernetisches Bauen
Kybernetisches Planen
Das Jiu-Jitsu Prinzip
Kybernetische Klimatisierung
23

Kybernetisches Haus

Thema: Nutzung vorhandener Kräfte

Nicht nur in der Großtechnik haben wir uns an energieintensiven und damit krisenanfälligen Verfahren festgebissen. Wir tun dies auch im tagtäglichen Bereich unseres Wohnens und Lebens, verwenden eigentlich veraltete Klimatisierungs- und Heizmethoden und ersetzen gerade hier vielfach Intelligenz und Wissen durch Öl und Strom.

Ein ausgezeichnetes Beispiel dafür, wie wir auf kybernetische, d. h. steuernde Weise vorhandene Kräfte nutzen und die eigenen sinnvoll einsetzen können, bietet die Kombination einer kybernetischen Bauweise mit neuen Recyclings- und Biotechnologien. Die erstere nutzt die Naturkräfte von Wind und Sonne, die letzteren die Leistungen lebender Organismen und das Prinzip der Symbiose (vgl. Exponat 22).

Am Modell eines „kybernetischen Hauses" mit einer veränderbaren „Sonne" werden solche Vorgänge im Kleinen nachgeahmt. Die Wirkungen lassen sich an der Wärmespeicherung der Wände, der Luftzirkulation und der zusätzlich gewonnen Energie ablesen.

Ergänzende Bildtafeln zeigen Beispiele, wo diese Prinzipien zum Teil schon verwirklicht sind, ja wo die kybernetische Vorgehensweise selbst in die Organisation des Planens und Bauens einfließen kann und so nicht nur Energie, sondern auch Zeit und Geld sparen hilft.

Exponat 23

Kybernetisches Haus

Thema:
Nutzung vorhandener Kräfte.

Themengruppe G:
Wie sich Systeme durch Selbststeuerung nutzen lassen.

Modellbau:
Dipl.-Ing. Ernst Beinroth, Deisenhofen.

Sponsor:
Ingenieurbüro für angewandte Bau- und Siedlungsforschung (ifab), Holzminden.

23

Kybernetisches Bauen

Wer seine Wohnung heizt, heizt bekanntlich heute noch bis zu zwei Dritteln die Außenluft und trägt damit in größeren Städten – abgesehen vom Energieverlust und der Abgasproduktion – auch zu den smogerzeugenden Inversionslagen bei. Durch Beachtung bauphysikalischer Gesetze kann man jedoch bei entsprechender Berechnung und Anordnung der Bauelemente gerade diese Energien für sich ausnutzen.

Eine solche kybernetische Klimatisierung spart bis zu 60% Brennstoff, weil sich das Haus im Winter um durchschnittlich 12° gegenüber der Außentemperatur erwärmt, im Sommer um 5–10° abkühlt. Das Haus selbst, als Teilsystem in die Umwelt eingegliedert, steuert die Sonneneinstrahlung, den Wärmeaustausch, die Lüftung und das Tageslicht durch eine abgestimmte Kombination ihrer verschiedenen Wirkungen. Die Abstrahlung und der nächtliche Temperaturabfall werden zur Abkühlung, die Sonneneinstrahlung zur Erwärmung, der Temperaturunterschied der einzelnen Gebäudeteile und die damit zusammenhängenden Luftdruckunterschiede zur Lüftung – auch bei Windstille – benutzt.

Sonnenstand, Jahreszeit, Wind- und Himmelsrichtung, Veränderungen der Luftfeuchtigkeit, Außenanstrich und Flächenneigung, all dies wird in ein gemeinsames Regelsystem integriert. So lassen sich selbst unter tropischer Sonne Häuser aus Stahlblech bauen, die, statt zu einem Brutofen zu werden, angenehmer klimatisieren als klassische Hauskonstruktionen mit noch so gut isolierenden Baustoffen und teuren Klimaanlagen.

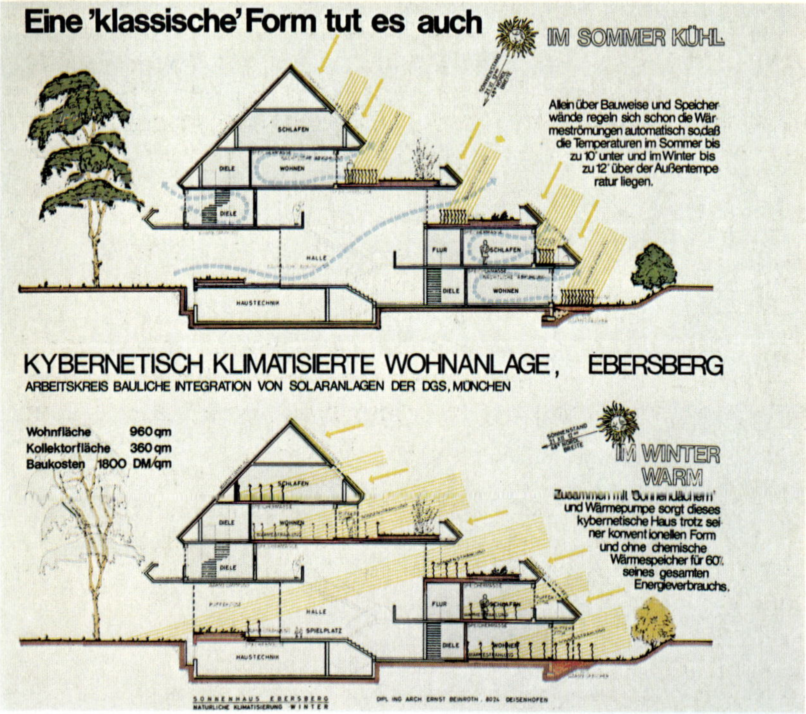

Eine 'klassische' Form tut es auch
IM SOMMER KÜHL
Allein über Bauweise und Speicher wände regeln sich schon die Wär meströmungen automatisch so,daß die Temperaturen im Sommer bis zu 10° unter und im Winter bis zu 12° über der Außentempe ratur liegen.
SCHLAFEN
DIELE
WOHNEN
HALLE
HAUSTECHNIK
FLUR
KYBERNETISCH KLIMATISIERTE WOHNANLAGE, EBERSBERG
ARBEITSKREIS BAULICHE INTEGRATION VON SOLARANLAGEN DER DGS, MÜNCHEN
Wohnfläche 960 qm
Kollektorfläche 360 qm
Baukosten 1800 DM/qm
IM WINTER WARM
Zusammen mit 'Sonnendächern' und Wärmepumpe sorgt dieses kybernetische Haus trotz sei ner konventionellen Form und ohne chemische Wärmespeicher für 60% seines gesamten Energieverbrauchs.
SPIELPLATZ
SONNENHAUS EBERSBERG
NATÜRLICHE KLIMATISIERUNG WINTER
DIPL. ING. ARCH. ERNST BEINROTH, 8024 DEISENHOFEN

Dieser Bungalow aus Stahlblech im tropischen Conakry wurde nach kybernetischen Berechnungen des Ingenieurs R. Ayoub gebaut. Statt zum Brutofen zu werden, ist er – ohne jede Klimaanlage – angenehmer klimatisiert als klassische Hauskonstruktionen mit noch so guter Isolierung.

Ein ideales kybernetisches Haus wird zur Energiefalle und versorgt sich selbst schon mit 40–60% seiner Heizung und Kühlung.

Durch Koppelung mit Sonnenkollektoren, Recyclingsanlagen, Wind- und Biogeneratoren wäre es in seinem Stoff- und Energiekreislauf nicht nur autark, sondern im Gegensatz zu konventionellen Bauten sogar ein Energie- und Rohstofflieferant

Kombiniert man solche, die Umwelt sinnvoll einbeziehende und bis zu 60% an Heiz- und Kühlenergie sparende bautechnische Überlegungen mit energieliefernden „Sonnendächern", die ebenfalls wieder, (wie selbst im kalten Nordosten der USA bewiesen) zwischen 50 und 85% der Heizenergie liefern, koppelt dann wiederum diese mit einem zusätzlichen Windgenerator (weitere 10–40% der Haushaltenergie) und verarbeitet vielleicht noch in einer hauseigenen Recyclingsanlage die organischen Abfälle durch moderne Biotechnologien, d. h. mit Algen und Bakterien zu Heizgas, Sauerstoff und Humus (noch einmal 20–40% an Energie- und Rohstoffgewinn), so dürfte allein schon diese Kombination auf alle Zeiten und kostenlos für *mehr* als einen vollen Ersatz der Haushalts- und Heizenergie ausreichen. Gleichzeitig bedeutet dies aber auch: keine Fernzuleitung, keine Abhängigkeit von Krisen, von Stromausfällen und Preisschwankungen. Das wohl bekannteste „Alternativ-Haus" dieser Art ist die berühmte „Arche" auf Prince Edward Island im nördlichen Kanada, das selbst unter extremen Klimabedingungen ständig zu 100% autark ist. Das gleiche gilt für das Lingby-Haus in Dänemark und eine Reihe anderer in gemäßigten Zonen.

Angesichts der Möglichkeiten, die uns die Kybernetik bietet, fragt man sich wirklich, was unsere Ingenieurwissenschaften noch abhält, sich mir Feuereifer auf solche Technologien zu stürzen und sie für Handwerksbetriebe und Zulieferungsindustrien zur ausgereiften Form zu entwickeln?

Es ist wohl auch hier wieder das uns eingepflanzte fachspezifische Denken, das uns den Zugang zu Kombinationslösungen so schwer macht. Wir wollen Probleme wie die Energieversorgung eines Hauses, die Verwertung von Abfällen oder das steigende Verkehrschaos möglichst immer mit *einer* Methode – und mit dieser dann hundertprozentig – lösen. Hieraus spricht ein simples Ursache-Wirkungsdenken, welches für komplexe Systeme keine Antenne hat; das gleiche Denken, mit dem wir, wenn auch heute weniger als früher, die Krankheiten unseres Körpers angehen: Wir suchen *das* Mittel gegen Krebs, *das* Mittel gegen Herzinfarkt. Doch wir mögen nicht, daß das Heil in Kombinationen liegt: vielleicht in einer in vielen Punkten anderen Lebensweise. Und so mögen wir auch nicht, daß die Lösung des Energieproblems in klassischen und modernen Methoden, in biologischen und künstlichen, und gleichzeitig im Sparen und im Bauen und im Speichern und im Isolieren liegt. Dazu ist vernetztes Denken notwendig; und eine Technik, die auf dem Prinzip des Jiu-Jitsu basiert, vorhandene Kräfte zu nutzen, indem wir sie umwandeln und nicht zerstören.

23

Das Prinzip des Jiu-Jitsu

Eines der Hauptmittel der Natur, die Überlebensfähigkeit von Systemen zu erreichen, ist das Jiu-Jitsu-Prinzip. Bestehende Kräfte und Energien werden hier durch geringfügige Steuerenergie im gewünschten Sinne gelenkt. Ganz im Gegensatz zum Boxerprinzip. Denn bei diesem wird die vorhandene Kraft des anderen oder der Umwelt erst mit eigener Kraft bekämpft und auf Null gebracht. Dann bringt man ein zweites Mal eigene Kraft auf für das, was man eigentlich erreichen will. Gegenüber dem Jiu-Jitsu-Prinzip also eine doppelte Kraftvergeudung.

So erklärt es sich, daß die Natur gerade auf dem Energiesektor mit dem Jiu-Jitsu-Prinzip und über Energiekaskaden, Energieketten und Energiekoppelungen jenen unvergleichlich hohen energetischen Wirkungsgrad erreicht, von dem unsere Ingenieure – von denen noch viele weitgehend das Boxerprinzip befolgen – bisher kaum zu träumen wagen.

Und doch haben wir hier die Grundlage unserer zukünftigen Technologien vor uns: „weiche", dafür aber um so stabilere moderne Alternativverfahren, die wenig Materie und Energie benötigen, dafür um so mehr Erfindergeist und wieder handwerkliches Können – mit entsprechend mehr Arbeitsplätzen. Verfahren, die wahrscheinlich von den großen zentralen Endfertigungs- und Versorgungswerken weg zu einer dezentralisierten Fertigung und Versorgung am Ort und dafür zu einer ausgebauten, eher zentralisierten Zulieferindustrie führen würden.

Jiu-Jitsu-Technologien, Nutzung vorhandener Kräfte. Die Miniaturisierung durch die Halbleitertechnik, durch Transistoren und Mikroprozessoren hat in dieser Richtung eine erste Bresche geschlagen. Wenig Materie – ein Bruchteil der früher benötigten Energie. In den Platz, den früher eine einzige Rundfunkröhre einnahm, gehen heute 10.000 kleinster Steuerkreise mit Schaltern in Bakteriengröße. Und der Energieverbrauch sank auf ein Hunderttausendstel. Wenigstens ein Bereich, derjenige der Kommunikation und Steuerung, auf dem das Jiu-Jitsu-Prinzip, wenn auch noch unbeholfen, vielfach Fuß gefaßt hat.

Die Quellen dieses Denkens, so neu es uns scheint, sind sehr alt. Nicht nur in der Natur, sondern auch beim Menschen, wo es schon vor Eineinhalbjahrtausenden in die chinesischen Kampfkünste des Taoismus Eingang fand. Die buddhistischen Mönche des Klosters Shanin mußten sich auf der einen Seite gegen zahlreiche Räuber und Wegelagerer wehren, waren aber zugleich an das Gebot der Gewaltlosigkeit gebunden. So entwickelten sie jene „weichen" Kampftechnologien, aus denen dann später mehrere hundert verschiedene Schulen, u. a. die japanische des Jiu-Jitsu, entstanden.

Die Wirksamkeit des Prinzips beruhte also schon damals, bei der persönlichen Verteidigung der Mönche, auf Einsparen von Energie und nicht auf Vergeudung. Und das, was sich ihnen in den Weg stellte, nutzten sie, statt es zu zerstören.
Nichts hindert uns, auch in unseren Technologien das „Boxen" zu verlassen und mit unserem großen technischen Können dem Jiu-Jitsu zum Durchbruch zu verhelfen. Denn mit Sicherheit ist es das zukunftsträchtigere, weil einem überlebensfähigen System weit angemessenere Prinzip.

Kybernetische Planung und Organisation

Was für die Technik recht ist, ist für deren Organisation nur billig. Auch in dem Zusammenspiel all der Glieder von Planungs- und Bauvorhaben lassen sich ähnliche Regelungs- und Steuervorgänge nutzen wie in einer kybernetischen Technik. In der Tat gelingen hier unerwartete Einsparungen, wenn man in die Planung „Vorrichtungen" einbaut, durch die sich die bei einem Projekt auftretenden Schwankungen und unvorhergesehenen Ereignisse sozusagen durch Selbststeuerung regeln.

So gibt es bereits Verfahren, mit denen die heutigen Bauzeiten um ein Drittel verkürzt werden (statt wie so oft grotesk verzögert), und mit denen der Kostenplan um 15% unterschritten werden kann (statt nur allzu häufig überzogen). Bei dem volkswirtschaftlichen Gesamtumsatz der Bauwirtschaft bedeutete dies eine Einsparung von jährlich 20 Milliarden Mark! Und dies unter Beibehaltung, ja größerer Sicherung von Arbeitsplätzen. Allein schon dieser Betrag – gewonnen durch kybernetisches Denken auf einem einzigen Sektor – macht mehr als das Hundertfache des Betrages aus, den unser Forschungsministerium für Alternativ-Technologien abzweigt.

Treffpunkt nach Hundskurve
Treffpunkt bei Vorplanung
Dickicht

Die Hundskurve

Ein Jäger geht durch den Wald nach Hause. Irgendwo im Dickicht ist sein Hund. Er pfeift ihm in regelmäßigen Abständen. Doch dieser, unfähig, den Weg des Jägers vorauszudenken, läuft nicht dorthin, wo er ihn schnellstens treffen könnte, sondern jeweils in die Richtung des Pfeiftons.

Bei vielen Vorhaben laufen auch wir entlang der Hundskurve. Wir hinken in Zeit und Richtung ständig der Wirklichkeit hinterher; korrigieren unseren Weg an eingetretenen Ereignissen, statt ihn von vorneherein auf zukünftige Entwicklungen auszurichten.

Bauen mit kybernetischer Organisation, Planung und Führung (KOPF). Das von dem Architekten Horst Tenten mit kybernetischer Klimatisierung nach Ajoub gebaute Personalwohnheim zum Krankenhaus Höxter mit seinen 90 Appartements war in 8½ Monaten schlüsselfertig! Baukosten: 3,9 statt 4,6 Mill. Mark.

Auch die Bewohner profitieren: von einer Heizkostenersparnis von jährlich 5000,– DM!

Die Baustelle Ende Oktober 1976, Mitte Januar 1977, Mitte Februar 1977 und das schlüsselfertige Gebäude Mitte Juni 1977.

Themengruppe H:

Wir selbst als Teil des Ganzen

Die Exponate dieser Gruppe stellen den Menschen selbst, d. h. seinen eigenen Organismus in den Vordergrund. Mit jeder tieferen Kenntnis der vielen biologischen Vorgänge in uns selbst – einem Teilsystem aus wiederum selber gut 200 Milliarden einzelner Zellen – erkennen wir auch immer besser das Spiel der Vernetzungen zwischen Psyche, Geist und Körper.

Gleichzeitig damit stellt diese Themengruppe unseren Organismus aber auch wieder in den Gesamtzusammenhang mit seiner Umwelt.

Denn je klarer uns die biologischen Funktionen werden, die in uns walten, desto deutlicher erkennen wir damit in uns selbst all jene kybernetischen Prinzipien lebender Systeme wieder, die in dieser Ausstellung angesprochen wurden. Und so erleben wir auch uns selbst wieder neu als Teil des Ganzen.

Einen ganz kleinen Ausschnitt aus diesem Erleben sollen daher die Darstellungen dieser letzten Themengruppe vermitteln.

24

24
Strudelformen
Ich bin schon lange nicht mehr ge- strudelt worden!

Strudelformen

Thema: Kybernetische Gestaltung

Die Gestaltung lebender Organismen erfolgt keineswegs durch einen im einzelnen festgelegten Plan mit genauen Abständen, Längen, Krümmungen und Winkeln. Selbst zur Entwicklung hochkomplizierter Formen scheint die Natur nur wenige Schlüsseldaten in dem jeweiligen Genmaterial festzulegen. Sie nutzt – wie wäre es anders zu erwarten – auf kybernetische Weise die Kenntnis der Zusammenhänge und speichert wenige Steueranweisungen, die dem Spiel die Richtung vorgeben. Die endgültige Gestalt entsteht dann wie von selbst aus dem Systemzusammenhang heraus.

Wir sehen, auch in der Informationsverarbeitung sind lebende Systeme äußerst sparsam. Sie erreichen auch ohne quantitative Festlegung von Einzeldaten exakt das gewünschte Resultat.

Diese kybernetische Steuerung kann der Besucher an einem Strömungmodell nachvollziehen – wie die Sandplatte in Exponat 22 von Hugo Kükelhaus erfunden – an dem er durch Drehen an einer mit Flüssigkeit gefüllten Plexiglasplatte einfache und hochkomplizierte Schlieren, Wirbel und Strudel erzeugen kann. Auf ergänzenden Bildtafeln ist diese Nutzung der kybernetischen Gestaltung an mehreren Beispielen veranschaulicht.

Exponat 24

Strudelformen

Thema:
Kybernetische Gestaltung

Themengruppe H:
Wir selbst als Teil des Ganzen

Modellbau:
Burri AG, Zürich

Sponsor:
Gottlieb-Duttweiler-Institut,
Zürich-Rüschlikon

24

Kybernetische Gestaltung.

Die in den Chromosomen enthaltene Information läßt geometrisch hochkomplizierte Gebilde wie Ohrmuscheln, Gehirnwindungen, Organ- oder auch Pflanzenformen genau in der gewünschten Weise entstehen. Ja, oft werden subtile Gesichtszüge wie die des Mundes oder die der Nase später haargenau vererbt.

Wie geschieht das? Muß die Natur etwa alle Daten über Entfernungen, Krümmungen und Winkel in unseren Genen programmieren? Nun, in den Chromosomen, in dieser genetischen Riesenbibliothek, wäre durchaus genügend Platz dazu vorhanden. Doch die Natur hat ihre Gründe, ihn dafür nicht zu benutzen.

Mit einer Programmierung der genauen Maße würden wir Gefahr laufen, daß die eine oder andere festgelegte Bedingung schon allein wegen der vielen äußeren Störungen, auf die ein sich entwickelnder Organismus trifft, nicht eingehalten wird – und daß dadurch das ganze Programm zusammenbricht.

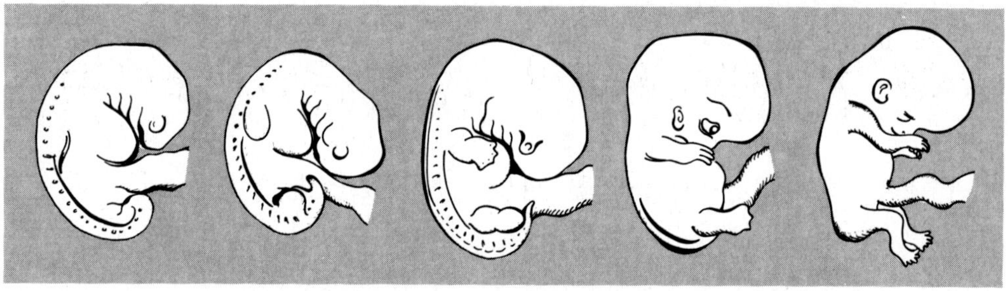

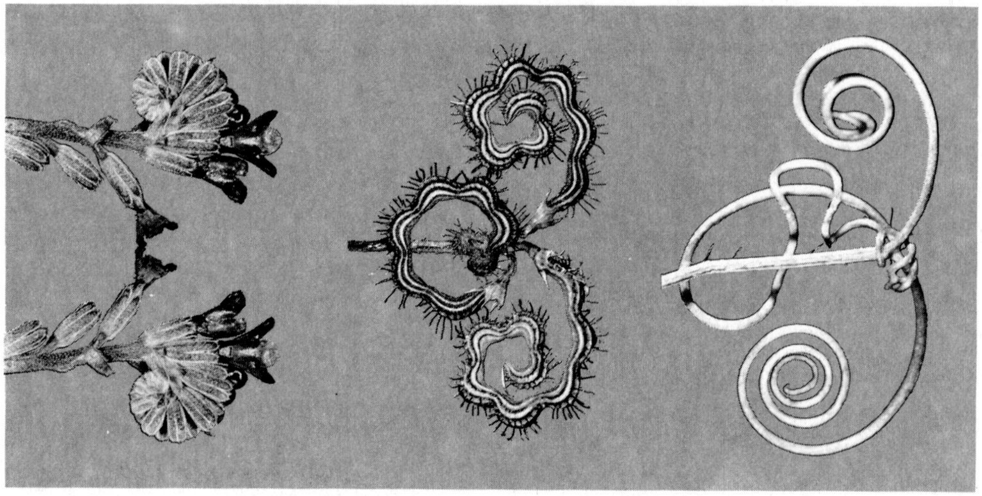

Warum gleicht mein Ohr dem meines Vaters? Wenn wir einmal nachmessen, so finden wir, daß die einzelnen Abmessungen sämtlich anders sind, und doch ist das Wesentliche der Gestalt bei beiden gleich. Die Information des Wesentlichen bleibt erhalten, ja pflanzt sich durch den Anstoß der Gene ohne zusätzlichen Aufwand im Wechselspiel der beteiligten Elemente fort – in der Tier- wie in der Pflanzenwelt.

24

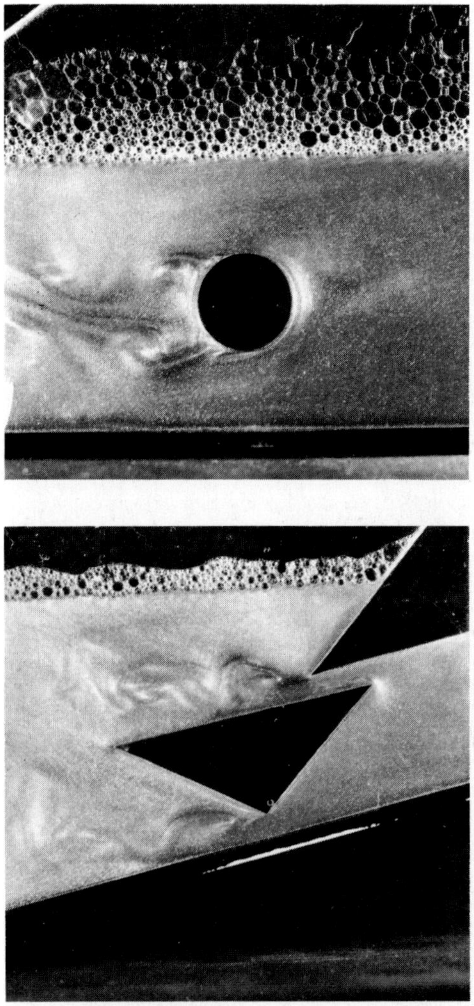

So wie sich nach einem kurzen Anstoß auf der Basis weniger vorgegebener Faktoren aus einer Schliere ein komplizierter Wirbel bildet, verläuft auch in allen lebenden Systemen die Gestaltbildung dynamisch.

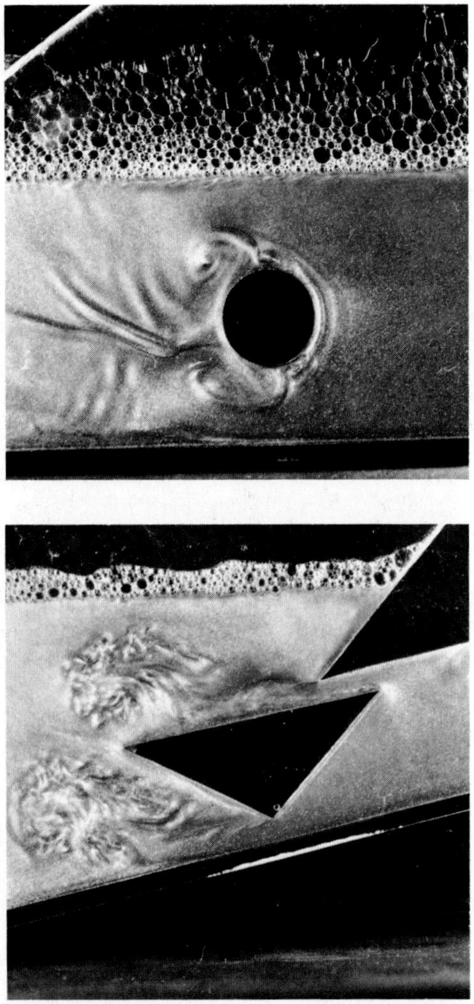

Auch in einem Organismus regulieren sich die beteiligten Elemente gegenseitig und bilden aus ihrer Wechselwirkung die endgültige Gestalt.

Betrachten wir einen dieser hier abgebildeten komplizierten Wirbel. Wollte man ihn auf unkybernetische Weise „planen", müßte man hunderte von Zahlen, mathematischen Kurvenberechnungen und Koordinatenbezeichnungen genau vorgeben. Ein ungeheurer Informationsaufwand, der dennoch nicht die Garantie gibt, daß das Gebilde überhaupt entstehen kann. Denn dabei spielt die Realität mit, gibt es Störungen,Fehler und Rückkoppelungen. Ein Großteil des Plans würde vielleicht exakt erfüllt, doch einige Punkte nicht. Das Resultat: ein verzerrtes Gebilde, das nichts mit dem gemein hat, was man wollte.

Deshalb gestaltet die Natur kybernetisch. Wie in unserem Strudelmodell gibt sie nur wenige Daten vor: die Strömungsgeschwindigkeit einer plastischen Masse, vielleicht eines wachsenden Gewebes, ihre Viskosität und vielleicht die Lage und Größe eines Hindernisses. So entwickelt sich durch eine Handvoll vorgegebener Faktoren das neue Gebilde *dynamisch,* d.h. aus dem Wechselspiel seiner Teile mit der Umwelt, der Schwerkraft und den Eigengesetzlichkeiten der Materie.

24

Was dann entsteht, ist vielleicht nicht in den einzelnen Daten und Abmessungen, dafür aber in deren Verhältnis, im innersten Wesen die gewollte Gestalt: mal kleiner, mal breiter, mal schlanker, mal mehr oder weniger ausgeprägt; doch so, daß die Gestalt in sich stimmt, in ihrer Unvollkommenheit vollkommen ist – und somit geeignet für die Aufgabe, die sie erfüllen soll.

Ein sich entwickelnder Organismus fängt so die üblichen Störungen auf, und die Natur erreicht die Garantie, daß sich die geplante Gestalt auch durchsetzt. Dem Ohr fehlt nachher nicht eine Ecke, sondern es ist vielleicht im Ganzen etwas klein. Eine Blüte bricht nicht plötzlich das Wachstum ab, weil vielleicht die vorgegebene Zahl der Zellen schon erreicht ist, sondern sie vollendet den Bewegungsstrom zur richtigen Gestalt, auch wenn sie mal ein wenig größer wird.

Das heißt aber, daß jede Zelle in irgendeiner Weise über das Tun aller anderen informiert sein muß – also wieder einmal: Wechselwirkung und Kommunikation zwischen den Teilen des Systems. So sind es die dem System innewohnenden Gesetzmäßigkeiten, die letztlich jede Zelle unseres Körpers „wissen“ lassen, wo sie sich befindet und welche Aufgabe sie daher übernehmen muß.

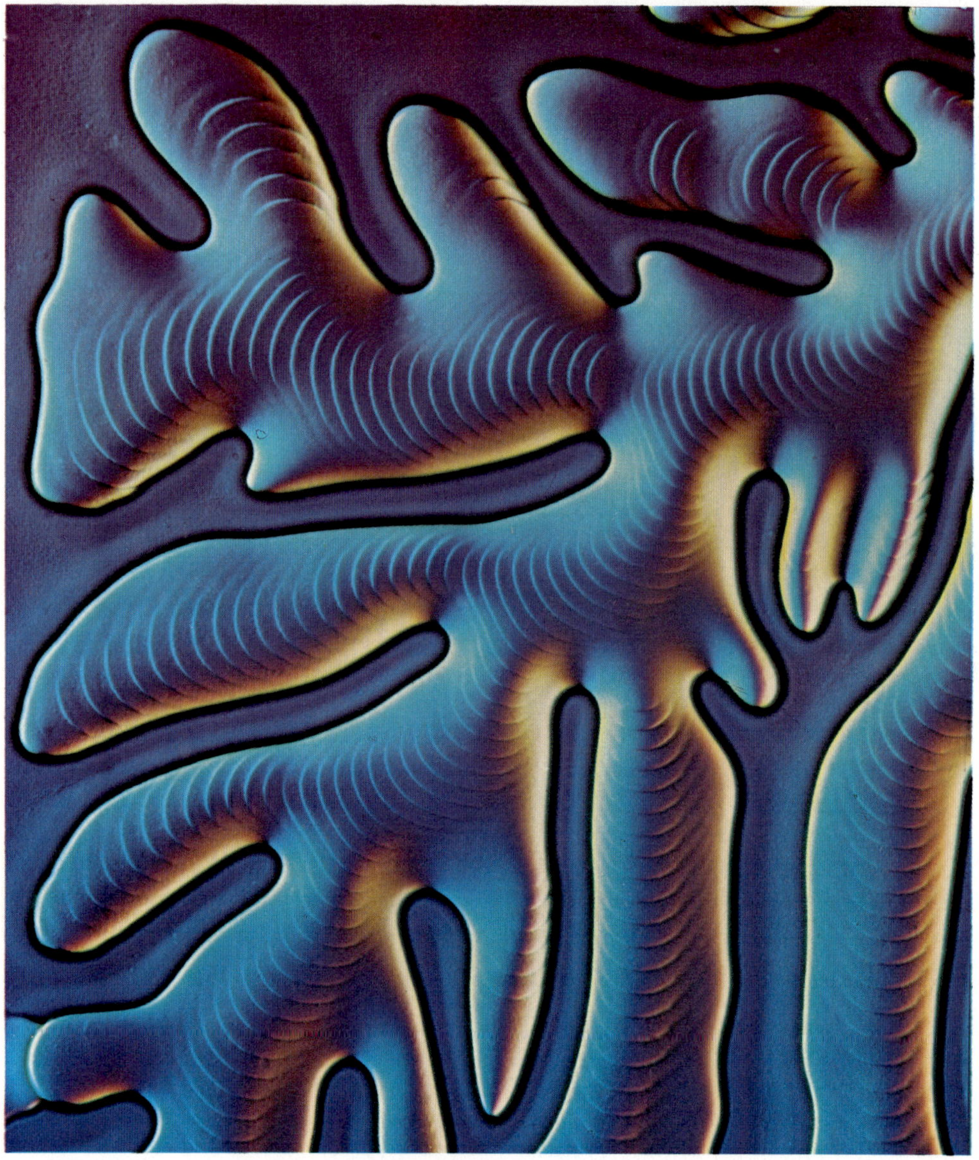

Strukturformen von fließendem Lack

24

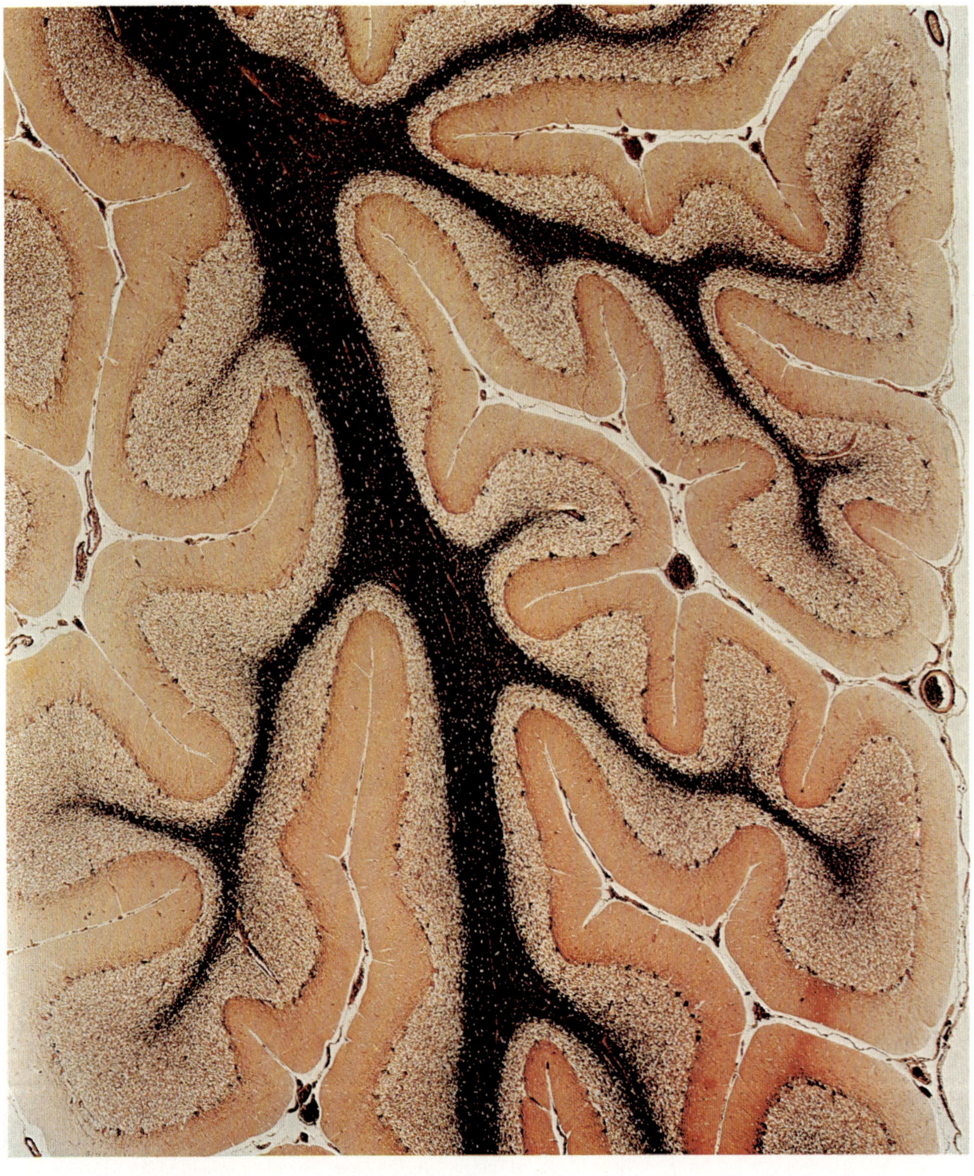

Strukturformen des menschlichen Kleinhirns

Auch unser Gehirn mit seinen zahllosen Windungen, Verknüpfungen und Querverbindungen bildet sich dynamisch: in den ersten Lebensmonaten, wenn es noch plastisch ist, entsteht seine endgültige Struktur. Sie entsteht in Wechselwirkung mit der Umwelt – und nicht etwa **nach einem sturen Plan** (vgl. den Film von Exponat 27: **„Der fremde Planet")**.

So kommt unser Gehirn auf geniale Weise zu einem wirklichkeitsnahen Grundmuster, ohne welches wir mit unserer Umwelt wahrscheinlich nie in Kontakt treten könnten.
Doch durch die kybernetische Gestaltung findet die Umwelt in unserem Gehirn ein Netz, mit dem sie in Resonanz treten und Assoziationsmöglichkeiten finden kann.
Und unser Gehirn erkennt sich **selbst in dieser Umwelt wieder.**
Es entstehen Vertrautheit und Verständnis – wichtige Grundbedingungen des Lernens, des Sichzurechtfindens in dieser Welt.

25

Oder nicht System
Gesichtsmuster
25
Gesichtsmuster

Gesichtsmuster

Thema: Kybernetische Wahrnehmung

Die Erkennung von Mustern durch das Auge ist unerreicht – selbst von den modernsten Computern. Denn gerade im Erfassen des „Wesentlichen" tun diese sich sehr schwer, während unser Gesichtssinn hier ein Meister ist. Unser Gehirn besitzt in der visuellen Wahrnehmung ein System, das auf einen Schlag eine gewaltige Informationsfülle als Muster erfaßt und dadurch im Erkennen unserer vernetzten Realität, im Erkennen von Systemen weitaus mehr leistet als das Gehör, der Geruch, der Geschmack oder das Tasten.

Es ist daher kaum möglich, etwa ein Gesicht nach bloßer Schilderung durch Worte zu erkennen, auch wenn wir glauben, das Wesentliche hervorgehoben zu haben.

Ein Gesicht, das wir dagegen einmal mit dem Auge erfaßt haben, obgleich wir hier Abertausende von Informationseinheiten gleichzeitig behalten müssen, können wir nach langer Zeit, auch wenn wir es nur kurz gesehen haben, oft mit völliger Sicherheit wiedererkennen; erstaunlicherweise selbst dann, wenn uns nur Bruchstücke davon angeboten werden.

Dies kann der Besucher selbst erleben. Vor sich sieht er einige Quadrate – in Wirklichkeit ein grobgerastertes Porträt, welches jedoch aus der Nähe nicht als solches erkennbar ist. Durch eine Sichtschneise blickt er auf dasselbe Bild in 10 m Abstand. Das gleiche Muster wird nun nicht nur als irgendein Gesicht erkannt, sondern sogar als dasjenige einer bekannten Person.

Exponat 25

Gesichtsmuster

Thema:
Kybernetische Wahrnehmung

Themengruppe H:
Wir selbst als Teil des Ganzen

Sponsor:
IBM Deutschland GmbH, Stuttgart

25

Kybernetische Wahrnehmung.

Schauen wir uns die unterschiedlich hellen Quadrate des nebenstehenden Bildes an, so läßt sich aus ihnen nicht einmal ohne weiteres erkennen, daß es sich hier um einen menschlichen Kopf handeln soll. Doch selbst diese paar Vierecke geben ganz unverwechselbar die Gesichtszüge des amerikanischen Präsidenten Lincoln wieder, sobald man sie aus größerer Entfernung betrachtet, vor allem wenn man dann noch ein wenig blinzelt.

Man kann annehmen, daß unser Gehirn genauso wie hier auch viele andere Erinnerungen aus unserer Umwelt lediglich in solchen unscharfen Bildern zu speichern braucht, dies jedoch an vielen Stellen, vielfach wiederholt und in vielen Millionen Zellen. Sieht man ein entsprechendes Bild, so entsteht ein Zusammenspiel zwischen der neu wahrgenommenen Information und den in diesen Zellen vorhandenen Mustern; also mit den bereits in unserem Langzeitgedächtnis gespeicherten Informationen und Urbildern. Aus dieser Kombination ergibt sich dann wie bei dem Lincoln-Bild eine in Wirklichkeit vielleicht gar nicht vorhandene Deutlichkeit und das mit dieser verbundene Wiedererkennungserlebnis.

25

Unser Gehirn arbeitet wie ein Hologramm, wie jene codifizierten Fotoplatten, aus denen dann Laserstrahlen ein dreidimensionales Bild zaubern. Wenn Teile eines Hologramms fehlen, so führt dies nicht zur Verfälschung eines Bildes, sondern durch die vorhandenen Vernetzungen nur zu geringerer Deutlichkeit. Auch unser Gehirn ergänzt das linke Porträt durch die in unserer Erinnerung gespeicherten Urbilder, durch den Archetyp des „Gesichts an sich".

Wenn wir daher die ganze Wirklichkeit erkennen wollen, so genügt es nicht, die Details aufzunehmen. Wir müssen sie auch miteinander verbinden. Sonst erfahren wir zwar sehr viel über diese Details, aber nichts über das System und sein Verhalten. Eine noch so genaue Studie der einzelnen Vierecke unserer linken Abbildung oder der Linien in der rechten Skizze wird uns – im Gegensatz zu dem noch so groben Gesamtmuster – nie erkennen lassen, daß es sich im Grunde um ein Porträt von Abraham Lincoln oder von Albert Einstein handelt.

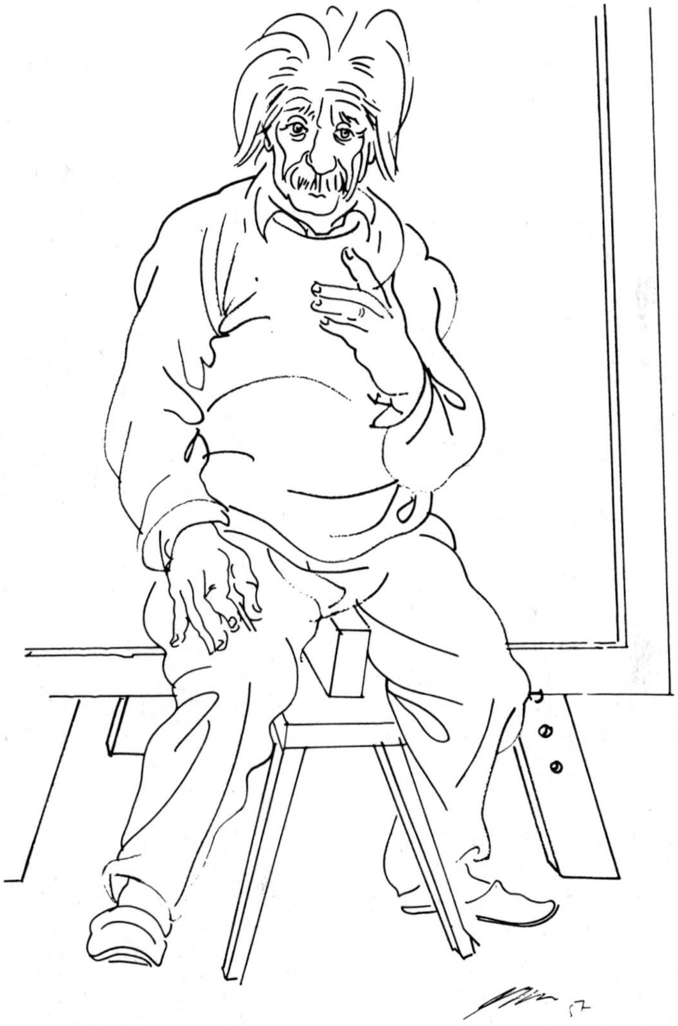

Schon ein kurzer Blick auf diese spärliche Strichzeichnung – und die bruchstückhafte visuelle Information wird in unserem Gehirn zu der Person Albert Einsteins zusammengesetzt. Diese Gabe, viele gleichzeitige Informationen zu einem Muster und damit zu einer Erkenntnis zusammenzusetzen – und die beim Sehen *so gut funktioniert – ist in unserem mehr und mehr analytischen* Denken *fast verlorengegangen.*

25

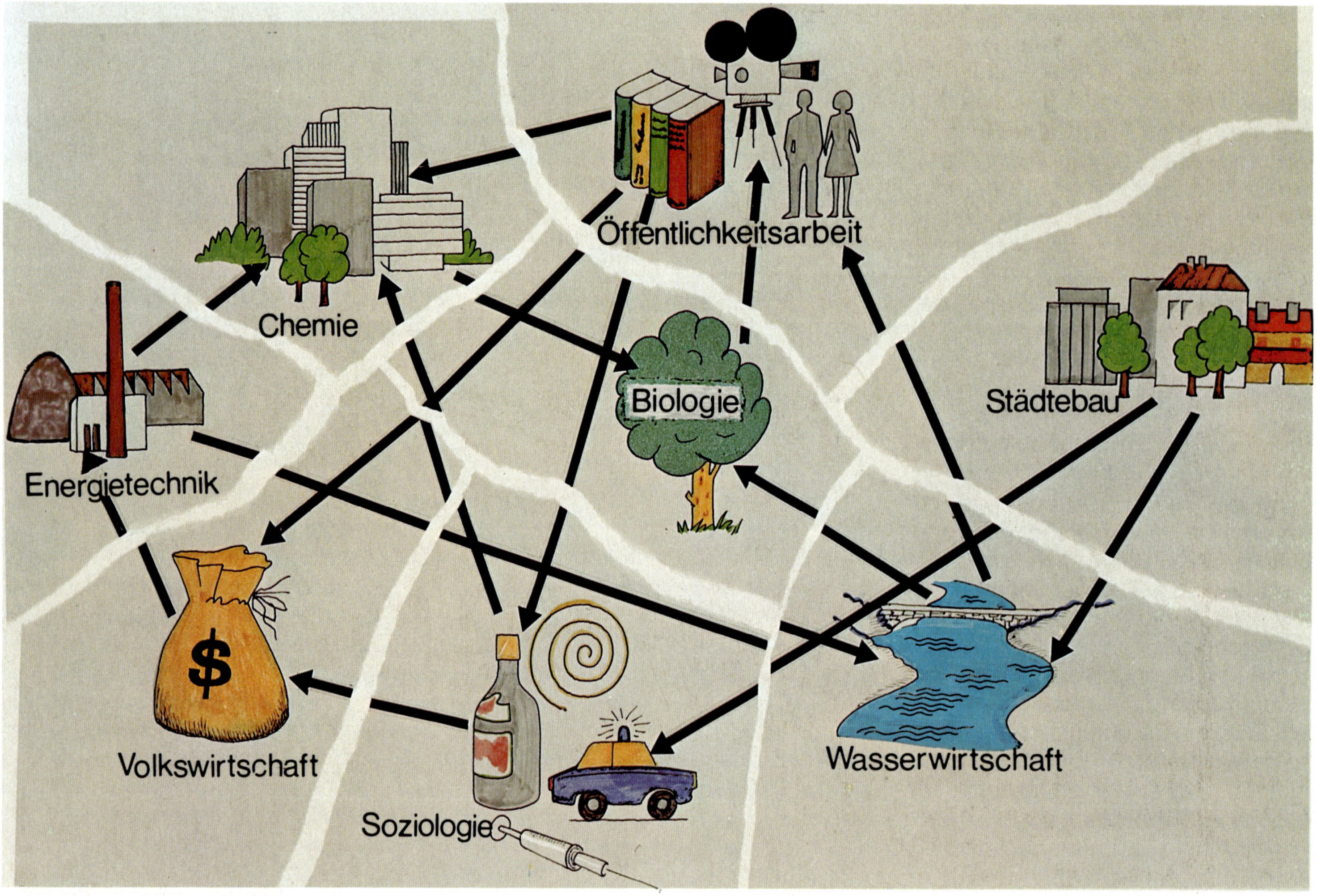

Öffentlichkeitsarbeit
Chemie
Biologie
Städtebau
Energietechnik
Volkswirtschaft
Wasserwirtschaft
Soziologie

So wie auf diesem zerrissenen Bild sind wir zwar darin geübt, die einzelnen Dinge sauber getrennt nach Fach- und Lebensbereichen zu beschreiben, jedoch nicht die sie in der Wirklichkeit verbindenden Beziehungen. Diese sind zerschnitten, und damit ist auch die Wirklichkeit aus dem Gesichtskreis unserer Betrachtungen verschwunden.

So ist es auch im Großen. Solange wir die einzelnen Partien eines Systems, etwa eines städtischen Lebensraumes, für sich betrachten, wie das die Schule in ihren Fächern tut, die Universität in ihren Fakultäten, die Wirtschaft in ihren Branchen und die Verwaltung in ihren Fachressorts, solange entstehen Begriffsgebäude und Vorstellungen, die uns die Wirklichkeit in künstlich getrennten Ausschnitten präsentieren,

So finden wir den Bereich der technischen Entwicklung und seiner einzelnen Fachgebiete getrennt von denjenigen der Medien und der Meinungsbildung und ebenso isoliert von der politischen Ebene, der kommerziellen Ebene, derjenigen des Naturschutzes oder derjenigen von Produktion, Vermarktung, Konsum und Abfallbeseitigung. In Wirklichkeit spielt aber die öffentliche Meinung über das Konsumverhalten durchaus bis in die Errichtung bestimmter Fabrikationsbetriebe hinein; etwa wenn es um die Genehmigung für eine Mülldeponie, eine Bleifabrik oder einen Flugplatz geht.

Entscheidungen, die ausschließlich fachbezogen wie in der Wissenschaft, ressortbezogen wie in den Behörden oder branchenbezogen wie in der Wirtschaft gefällt werden, lassen daher vielfach die schwerwiegendsten Fehler entstehen. Fehler, die das betrachtete System schädigen, krank machen oder gar zusammenbrechen lassen.

Sollten wir also nicht neben der systematischen Aufnahme von Details – ähnlich wie in unserem „Gesichtsmuster" – uns auch darin üben, das Wesentliche der Vernetzung zu erfassen? Sollten wir nicht zunehmend versuchen, unseren auf das Analytische gedrillten Verstand auch „holistisch", das heißt mit Ganzheiten arbeiten zu lassen – auf eine Weise, die nicht nach Einzeldaten programmiert ist, sondern die auf Analogien basiert, Vergleiche erlaubt und mit Beispielen hantiert?

Ein solcher Ansatz, der den „Lincoln" sieht und nicht nur die „Quadrate", wird die zukünftigen Entwicklungsmöglichkeiten eines Systems in ganz anderer Weise mit einbeziehen, als wir das in unseren herkömmlichen Planungen – sei es im Großen in der Landesentwicklung oder im Kleinen in der eigenen Familie – im allgemeinen tun.

26

ICH BIN DER
GERADE DU MUSST NOCH SO MANCHES LERNEN
26
Synapsenspiel
Wie entstehen
Denkblockaden?

Synapsenspiel

Thema: Kybernetisches Lernen

Gehirn, Organismus und Umwelt stehen in ständiger Wechselwirkung. Sie bilden ein vernetztes System. Und unser Gehirn funktioniert um so besser, je mehr dieser Vernetzung Rechnung getragen wird.

Der Besucher kann ein Großmodell des menschlichen Gehirns betätigen und erlebt als typisches Beispiel einer solchen Wechselwirkung das Entstehen einer Denkblockade durch einen abstrakten Schulbuchtext. Zum Vergleich kann er die lernaktive Speicherung eines anschaulichen Textes und das Mitschwingen der entsprechenden „Eingangskanäle" beobachten.

In dem Modell werden die Denk- und Speichervorgänge durch Lichtströme gezeigt und das Spiel der Synapsen, der „Schalter" zwischen den Gehirnzellen, durch Leuchtbilder sichtbar gemacht. Bildtafeln aus den Mikrodimensionen des Gehirns und den beim Lernen beteiligten Hormonbereichen des Körpers ergänzen das Exponat.

Exponat 26

Synapsenspiel

Thema:
Kybernetisches Lernen

Themengruppe H:
Wir selbst als Teil des Ganzen

Modellbau:
Dipl.-Ing. L. Antolkovic

Sponsor:
Ernst Klett-Verlag, Stuttgart

26

Wenn es ums Lernen geht, wird nur allzuoft vergessen, daß der ganze Körper mit seinen Organen, Nerven und Hormonen daran beteiligt ist – und nicht nur ein paar graue Zellen der Hirnrinde. Kybernetisches Lernen heißt daher Lernen *mit* dem Organismus und nicht gegen ihn.

Man liest in einem Lehrbuch. Im Gehirn spielt sich folgendes dabei ab:

1. Das Auge setzt den Text in Nervenimpulse um und sendet diese in das Gehirn.

2. Dort ist die erste Station das Sehzentrum. Hier wird aus den Impulsen die Form und Anordnung der Buchstaben ermittelt.

3. Das Ergebnis geht ans Lesezentrum, wo die Buchstaben entschlüsselt werden. Damit steht die „nackte Information" zur Verfügung.

4. Den Sinn des Ganzen liefern dann weitere Gehirnregionen. Sie vergleichen die Worte mit im Gedächtnis gespeicherten Vorstellungen. Es entstehen Gedankenverbindungen (Assoziationen) und Erinnerungen.

5. Gleichzeitig geht die Reise aber auch ins Gefühlszentrum, ins Zwischenhirn.

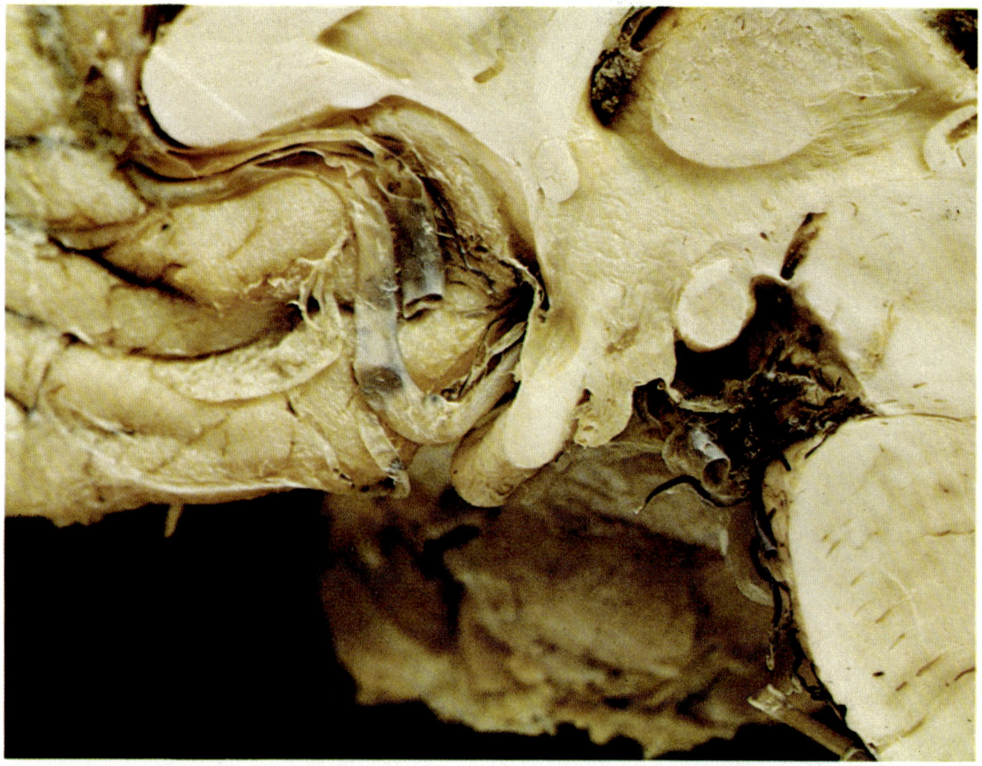

Hypothalamusregion, Maßstab 5:1
In dieser unter dem Zwischenhirn gelegenen Region des Hypothalamus werden viele Wahrnehmungen mit Empfindungen verknüpft und ein Großteil des Hormonhaushalts reguliert.

In diesem Gehirngebiet werden ankommende Wahrnehmungen mit Gefühlen verknüpft: mit Freude oder Schmerz, Vertrautheit, Angst oder Langeweile. Drei Nervenregionen sind vor allem daran beteiligt: das limbische System, der Hypothalamus und der Sympathikus.
Aus ihrem Zusammenspiel entsteht dann jeweils eine ganz bestimmte Hormonlage.

6. Alle diese Eindrücke und Assoziationen werden wieder mit dem Text gekoppelt, mit ihm zusammen gespeichert und beim späteren Abrufen auch mehr oder weniger miterinnert. So hat unser Text in Wirklichkeit eine ganze Kette von unbemerkten Aktivitäten in uns ausgelöst – und dies je nach der Art des angebotenen Lernstoffes äußerst unterschiedlich.

Nehmen wir folgenden Text aus einem soziologischen Lehrbuch:

...Die Nutzung der durch die Sicherstellung einer Befriedigung gewonnenen Dispositionszeit läßt die Möglichkeit zu einer sinnvollen Vertagung einer die Befriedigung von Bedürfnissen betreffenden Entscheidung aufkommen...

Ein so unanschaulicher Text löst kaum bildhafte Erinnerungen aus. Ganze Gehirnpartien bleiben ungenutzt. So bekommen die Nervenimpulse keine Verstärkung.
Sie werden immer schwächer und verlöschen schließlich ganz.
Und damit verlöscht auch die empfangene Information.
Der Text ist außerdem für die meisten Leser auf Anhieb nicht verständlich. Die Gehirnzellen des Zwischenhirns melden „Unsicherheit", „Angst" oder „Ärger" und sorgen über den Sympathikusnerv für die Ausschüttung von Streßhormonen.
Diese blockieren die Synapsen, schalten sie auf „rot". Wichtige Verbindungen zwischen den Gehirnzellen werden unterbrochen. Assoziationssperren und Denkblockaden sind die Folge. Der Text kann nirgendwo verankert und somit auch nicht „begriffen" werden. Der Lernerfolg ist null. Natürlich kann man den Inhalt des obigen Textes auch anschaulich ausdrücken – wenngleich er dann weniger gelehrt klingt:

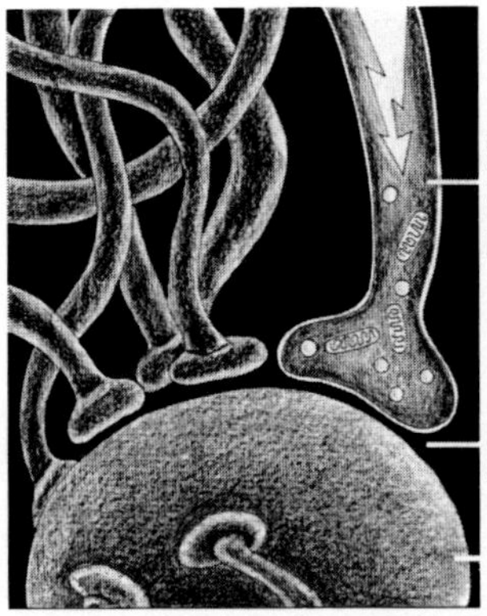
Es fehlt an Transmittersubstanz, bzw. Bläschen platzen nicht
Impuls gelangt nicht über den Spalt
Angrenzende Gehirnzelle wird nicht aktiviert

Die Impulse zwischen den Gehirnzellen müssen winzige kolbenförmige Schalter passieren: die Synapsen. Hier in 200 000-facher Vergrößerung.

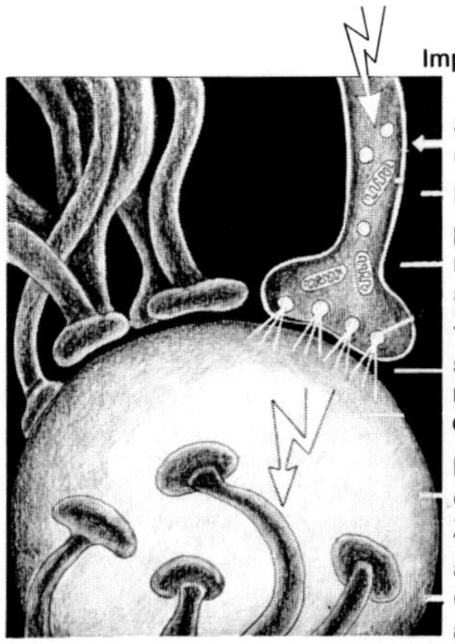
Impuls
Synapse (Querschnitt)
Mitochondrion
platzende Bläschen mit Transmittersubstanz
Transmitter ergießt sich in den Spalt machen Zellmembran durchlässig
Ionen wandern durch die Zellmembran
angrenzende Gehirnzelle wird aktiviert

Sie sind die Verkehrsampeln des Gehirns und müssen auf „grün" stehen, wenn der Impuls weiterlaufen soll.

...Von einer sicheren Stellung aus läßt sich alles viel besser planen, weil man seine Entscheidungen nicht überstürzen muß.

Die so übersetzte Version des soziologischen Textes trifft trotz des theoretischen Inhaltes in vielen Gehirnregionen auf Resonanz. Wir können uns etwas vorstellen, sehen entsprechende Bilder, und selbst die Gehirnbereiche der Bewegung und des Fühlens empfangen einige Nervenimpulse und schwingen in gewisser Weise mit.

Ein anschaulicher Text wirkt durch seine Beziehungen zur Wirklichkeit „vertraut". Man versteht ihn und hat ein „Erfolgserlebnis". Auch darauf reagieren die Nervenzellen des Zwischenhirns. Sie melden „Sicherheit", „Erfolg" und „Freude". Eine „streßfreie" Hormonlage stellt sich ein, bei der die Synapsen, die Verkehrsampeln unserer Gehirnzellen, auf „grün" stehen. Genügend Assoziationen tauchen auf, die Information kann vielfach verankert und über verschiedene Kanäle abgefragt und erinnert werden. – Nun erst setzt „kybernetisches Lernen" ein – mit entsprechendem Lernerfolg.

Unser kleiner Text ist übrigens kein extremes Beispiel, und solche sind auch nicht nur in der Soziologie zu finden. Man begegnet ihnen auf Schritt und Tritt, in Schulbüchern, Gebrauchsanweisungen, Wirtschaftsnachrichten, der Tagesschau und sicher auch – trotz all unserer Bemühungen – gelegentlich in dieser Ausstellung.

26

Gehirnzellen im 2.000-fach vergrö-ßerten Modell. Unser Gehirn enthält rund 15 Milliarden davon. Die über die Synapsen verknüpften Verbindungsfasern haben eine Gesamtlänge von 500 000 km.

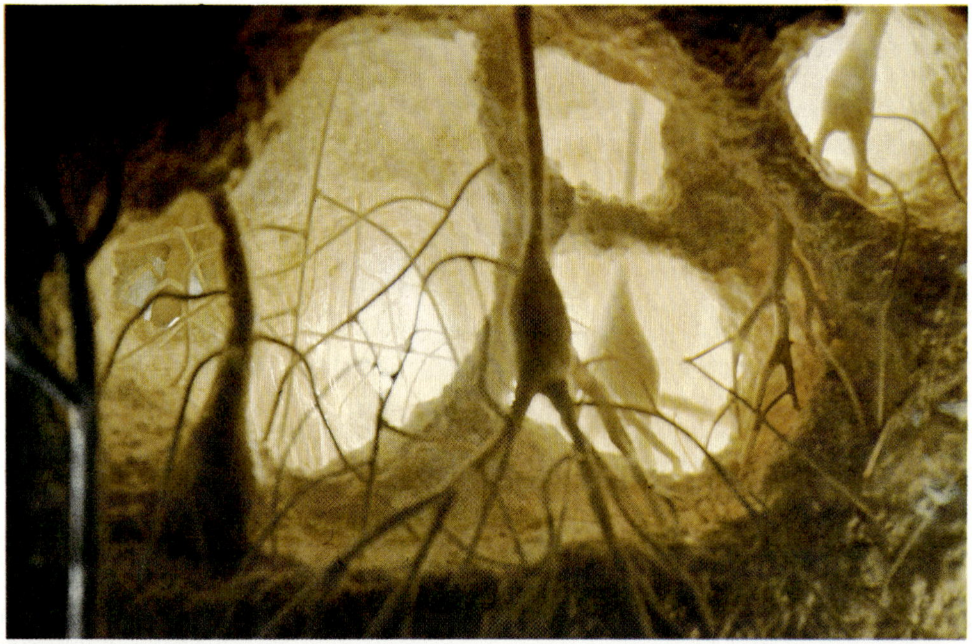

Nervenzellen mit einer Vielzahl anhaftender Synapsen. Auf manchen Gehirnzellen sitzen mehrere tausend dieser knopfartigen Schalter. Als Endpunkte der Fasern anderer Nervenzellen übertragen sie – durch einen noch geheimnisvollen Code gezielt gesteuert – die Impulse, die schließlich unser Denken ausmachen.

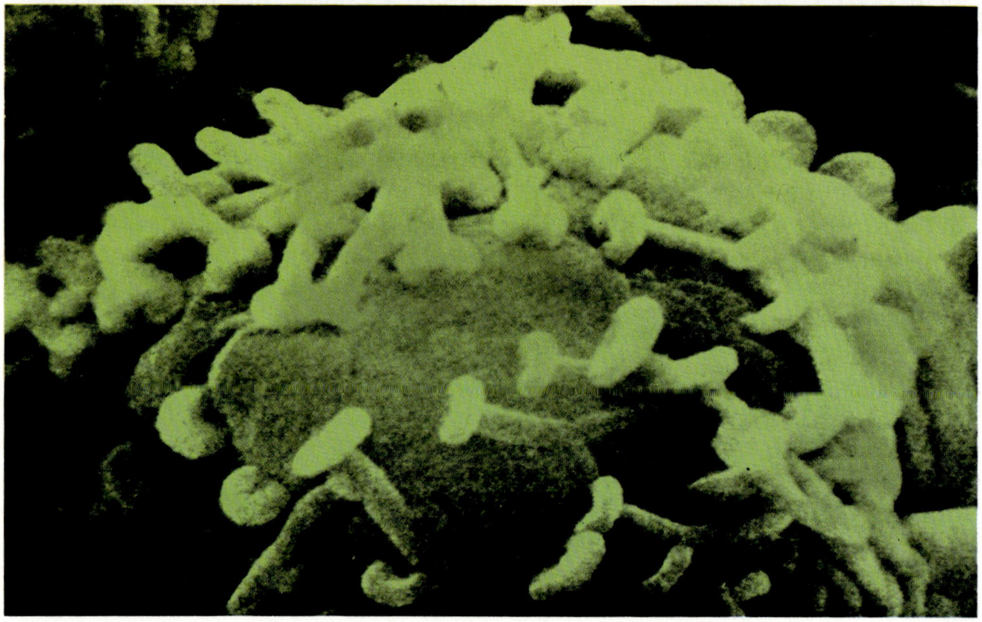

26

Wesentliche Gründe für die Unfähigkeit des Menschen unserer Zivilisationsgesellschaft, die Zusammenhänge vernetzter Systeme zu erkennen, finden sich in den etablierten Lernformen unserer Schule.
Dies hat weit zurückreichende historische Wurzeln. Als die menschlichen Kulturen vor einigen tausend Jahren seßhaft wurden, begannen sich die Menschen nicht mehr als untrennbaren Teil der Umwelt zu sehen, sondern als ein von dieser Umwelt getrenntes Ich, das in der Lage war, diese Umwelt zu gestalten. Dies war der erste Schritt zur Abstraktion. Mit dem Auftreten der Schule nahm die Abtrennung des Geistigen vom Körperlichen immer extremere Formen an, wodurch schließlich die Beziehung zur Umwelt und damit das Lernen auf das empfindlichste gestört wurden.
Die Loslösung des Intellekts vom Organismus, die Erklärung von Begriffen durch andere Begriffe statt durch die dynamische Wirklichkeit führte zu einer zunehmenden geistigen Verengung, die vor allem das sinnvolle Umgehen mit dem gespeicherten Stoff kaum noch möglich macht. Die Trennung zwischen Geist und Körper war perfekt.
Unsere Gehirntätigkeit, das Denken und Lernen, ist jedoch nicht etwas rein Geistiges, sondern immer eng mit zellulären, hormonellen, biochemischen und biophysikalischen, also mit materiellen Vorgängen verknüpft. Ein Lernen ohne Rücksicht auf den Organismus und ohne über ihn die Umwelt einzubeziehen, ist somit widernatürlich und unökonomisch. Die im Grunde großartige Fähigkeit, zu abstrahieren wird nicht als wichtige Technik des geistigen Arbeitens gelehrt (*eine* Technik unter mehreren), sondern sie wird zum Selbstzweck.

So erleben wir zur Zeit auf erschreckende Weise, wie das realitätsfremde Eintrichtern von Wissensstoff in unseren Schulen jegliche weitere Verarbeitung des Stoffes außerhalb der Schule, d. h. im Kontakt mit der Realität, verhindert.
Das Lernen wird zum bloßen Merken unter Verzicht auf die Mitwirkung wesentlicher Gehirnpartien.
Dadurch verschenken wir gleichzeitig einen unentgeltlichen Lehrer, die Realität, der außerhalb der Schule für die automatische Verarbeitung und Festigung, für die „Konsolidierung" des behandelten Stoffes sorgen könnte.

27

27
Zur Zeit läuft:
Endlos
Kintopp
Ein System

Endlos-Kintopp

In unserem Endlos-Kintopp werden einige Kurzfilmstreifen von jeweils rund 6 Minuten gezeigt, die noch einmal verschiedene Themengruppen der Ausstellung berühren.

Der erste Film „Der organisierte Schleimpilz" macht eines der wundersamsten Phänomene der lebendigen Welt durch das Mikroskop sichtbar, nämlich wie einzelne Amöben, wenn sie in großen Massen zusammenströmen, sich zu einem höheren Wesen organisieren: zu einem Schleimpilz. Auch dieser besteht zwar voll und ganz aus Amöben, ist aber doch wieder ein eigenes Lebewesen. Die Frage unseres ersten Exponats „System oder Nichtsystem" steht hier ebenso im Brennpunkt wie diejenige nach den Urgesetzen von Kommunikation und Gruppenverhalten.
Der zweite Streifen „Der fremde Planet" bringt als Ausschnitt aus der Filmserie „Phänomen Streß" die besonderen Wechselwirkungen zwischen Mensch und Umwelt zur Sprache. Er zeigt die Bedeutung einer »sanften Geburt« für das spätere Verhältnis zu unserer Welt.
Der dritte Streifen „Denkblockaden" aus der Serie „Blick ins Gehirn" stellt als neuer Schulfilmtyp das „kybernetische Lernen" in den Vordergrund, welches ja auch Gegenstand des letzten Exponats war. Gleichzeitig berührt er noch einmal die Themengruppe „Wenn man Zusammenhänge mißachtet".
Der letzte Streifen „Stufen des Gedächtnisses", der aus der gleichen Serie stammt, zeigt den Weg von der Information zur Materie und ergänzt so von einer weiteren Seite die Themengruppen „Was ist ein System" und „Wir selbst als Teil des Ganzen".

An der Außenseite der Kinoecke orientiert ein mitlaufender Monitor den Besucher darüber, welcher Film innen gerade läuft und wann das nächste Programm beginnt.
Ein kleiner Vorteil für den Besucher: er kann sich dazu auch einmal gemütlich hinsetzen. Dauer des gesamten Programms:
knapp 25 Minuten.

Exponat 27

Endlos-Kintopp

1. Der organisierte Schleimpilz
   Thema:
   Von der „Menge" zum „System"

2. Der fremde Planet
   Thema:
   Prägung durch die Umwelt

3. Blick ins Gehirn – Denkblockaden
   Thema:
   Vernetzung von Körper und Geist

4. Blick ins Gehirn – Stufen des Gedächtnisses
   Thema:
   Von der Information zur Materie

Sponsor:
Robert Bosch GmbH, Stuttgart

27

Der organisierte Schleimpilz

Wenn mehrere Einzelsysteme so nahe aufeinanderrücken, daß sie in Wechselbeziehung treten, müssen sie irgendwann ein neues System bilden. Nur so können sie überleben. Ohne eine neue Organisationsform wird ein Teil der Einzelsysteme zugrunde gehen, bis die frühere Dichte wieder erreicht ist.

Ein beeindruckendes Beispiel für die Bildung eines solchen „Supersystems" ist die Entwicklung bisher getrennt lebender Amöbenzellen zu einem neuen Organismus: einem Schleimpilz.
Bei geringer Dichte teilen und vermehren sich diese Amöben als einzellige Organismen und leben völlig unabhängig voneinander. Unter entsprechenden Umweltbedingungen (entsprechend große Dichte, Nahrungsknappheit, sinkende Feuchtigkeit) ändern sie plötzlich ihr bisheriges Verhalten. Sie beginnen auf einmal zusammenzuströmen, wobei sie sich durch Aussenden chemischer Substanzen orientieren – eine erste Stufe der Kommunikation. Sie bewegen sich dabei sämtlich in Richtung der stärksten Konzentration. Bald türmen sie sich zu einem Haufen auf und beginnen die nächste Stufe ihrer Verhaltensänderung. Sie übernehmen unterschiedliche Aufgaben. Die einen erstarren und bilden einen tragfähigen Strang, die anderen trocknen zu Sporen aus, und wieder andere bilden für diese eine Schutzhülle. Das Gebilde beginnt sich zu „differenzieren", zur Endform zu entwickeln, zu einem Schleimpilz. Ein neues System, ein neuer Organismus ist entstanden, der dennoch ganz aus Amöben besteht.
Natürlich ist dies ein besonders extremes Beispiel, wie sich Systeme unter einer neuen Dichte verändern. Es zeigt jedoch deutlich ein Urprinzip der Natur: Verhaltensänderung bei einer höheren Dichte. Auch wir Menschen haben durch die plötzliche Vertausendfachung unserer Wachstumsrate (von 0,002 auf 2 %) eine neue Dichteschwelle überschritten. Wir erkennen jedoch noch nicht die neuen Gesetzmäßigkeiten, die damit verbunden sind. Denn wir schalten und walten und planen trotz des gewaltigen Dichtesprungs, den die Menschheit gemacht hat, so, als ob wir nicht 4 Milliarden, sondern erst 4 Millionen Menschen wären, als ob noch so wie im alten Germanien da und dort eine Eisenhütte betrieben würde, pro Kopf eine Anbaufläche von 40 Hektar zur Verfügung stünde, die großen Flüsse alle Verschmutzungen aufnehmen könnten und die natürliche Verrottung der Abfälle in einer reichhaltigen Tier-, Pflanzen- und Mikrobenwelt integriert und von ihr anstandslos besorgt würde.
Man glaubt, daß lediglich alles mehr geworden sei, sich die Quantität verändert habe und man nur mit genügend großen Kräften an die Probleme herangehen müsse. Doch es ist auch die Qualität der menschlichen Zivilisation, die sich mit jenem Dichtesprung geändert hat und die somit auch neue Dimensionen des Denkens und Handelns verlangt.

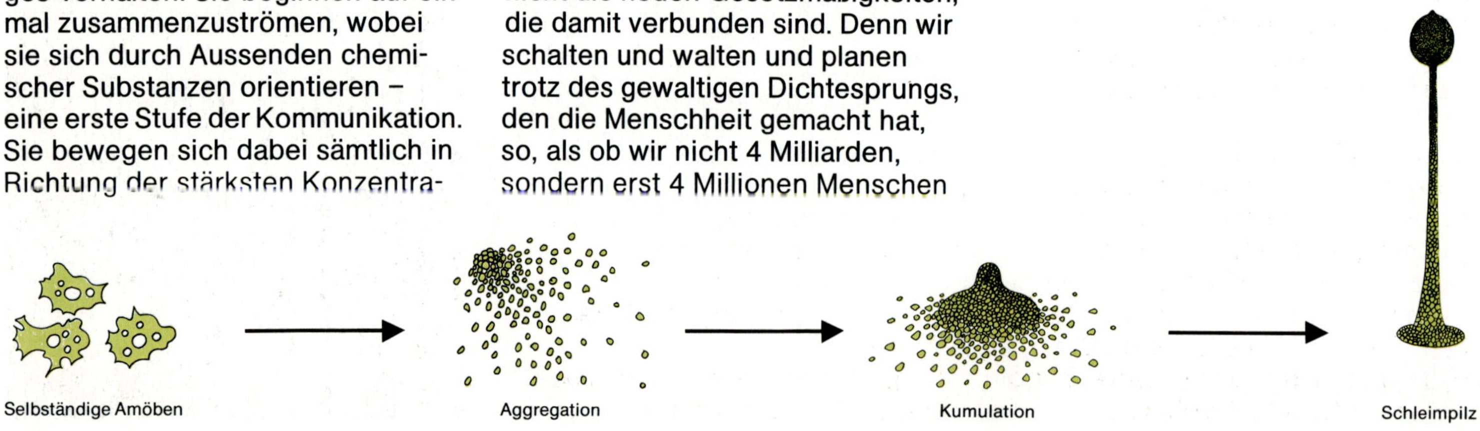
Selbständige Amöben
Aggregation
Kumulation
Schleimpilz

Der fremde Planet

Die entscheidenden Verknüpfungen im Gehirn erfolgen außer durch die Erbanlagen durch die Umwelteindrücke der ersten Lebensmonate. Mit die stärksten Einflüsse wirken also dann, wenn man unser Gehirn fälschlicherweise noch als passiv bezeichnet. Ja, die allergrößten vielleicht sogar in den ersten Stunden nach der Geburt.

Die Art der Geburt und der ersten Lebensstunden dürften daher für das Grundmuster unseres Denkens und Fühlens, unsere persönliche Verhaltensstruktur, z. B. auch für unser Streßverhalten stärkste Prägungen hinterlassen.

Ein Ausschnitt aus der Filmserie „Phänomen Streß" vergleicht eine typische „harte Geburt", wie sie in unseren üblichen Kliniken stattfindet, mit einer von F. Leboyer beschriebenen „sanften Geburt", bei der der Zusammenhang zwischen Mensch und Umwelt von der ersten Lebensminute an beachtet wird.

Im ersten Fall wird laut geredet, das Baby auf den Rücken geklopft, sofort abgenabelt, von der Mutter getrennt, gewaschen, gemessen, gewickelt und gewogen. Alles oft noch unter grellem Licht und starken Temperaturänderungen. Die Babys sehen dann auch entsprechend verkrampft statt glücklich aus.

Im zweiten Fall läßt man die Geburt weit harmonischer ablaufen: Das Kind wird zunächst auf den Bauch der Mutter gelegt und dann erst abgenabelt. Außer der Mutter spricht niemand. Das Neugeborene empfängt so nur die gewohnten Schwingungen und Laute, mit denen es schon im Bauch vertraut war. Es wird im Dämmerlicht lange im Hautkontakt mit der Mutter belassen, und auch die Nabelschnur wird erst durchtrennt, wenn sie nicht mehr pulsiert.

So wird die radikal neue Umwelt eines fremden Planeten weitgehend mit Eindrücken verbunden, die schon vorher vertraut sind. Die so behandelten Kinder schreien nach der Geburt nicht (!), beginnen schon nach kurzer Zeit zu lächeln und haben entspannte, glückliche Gesichter.

Aber nicht nur das Kind, auch die Mutter erfährt durch den Kontakt der ersten Stunde nach der Geburt eine Art Prägung, die die spätere Entwicklung des Kindes entscheidend beeinflußt. Wollen wir auf diese Weise das neuentstandene System von Umwelt, Mutter und Kind als Ganzes sehen, so werden unsere Entbindungsstationen wohl nicht an den neuen Erkenntnissen vorbeigehen können und ihre Praxis irgendwann grundlegend ändern müssen.
Erst dann dürfte der Eintritt in den fremden Planeten für das Neugeborene mit einem „lernenden Verstehen" verbunden sein. Denn ein erfolgreiches Lernen, das haben wir gesehen, kann immer nur über Entspannung und Vertrautheit laufen. Fehlen ausgerechnet sie in den ersten Stunden unseres Lebens, so werden diese entscheidenden Stunden zur bloßen Konfrontation, mit einer fremden und feindlichen Welt; zu einer Konfrontation, die dann vielleicht für einen großen Teil des späteren Unverständnisses gegenüber dieser Welt verantwortlich ist.

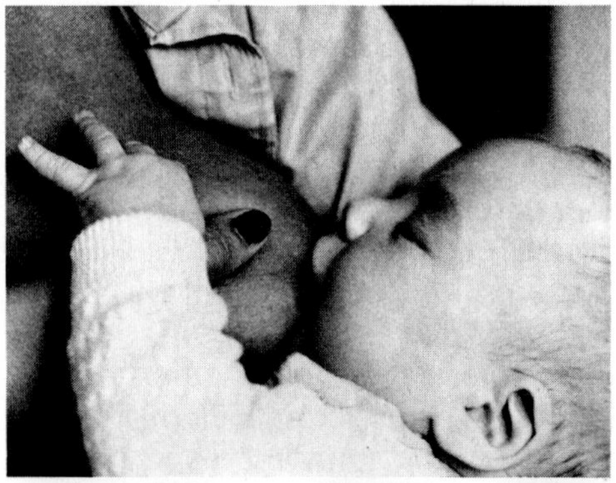

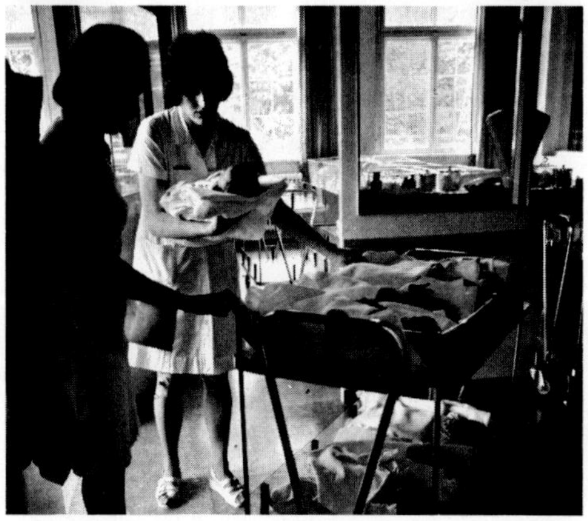

27

Blick ins Gehirn

Anhand zweier Filmstreifen mit Realszenen, Mikroaufnahmen und Trickabläufen im Gehirn wird das Wechselspiel zwischen Geist und Körper nahegebracht. Der erste Film handelt vom Mechanismus der Denkblockaden, der zweite von den Stufen des Gedächtnisses.

Die Filme stellen einen neuen Typ von audiovisueller Unterrichtshilfe dar. Sie berücksichtigen die Erkenntnisse und Methoden eines biologisch sinnvollen Lernens, eines Gebiets, das gleichzeitig vom Thema dieser Filme her berührt wird. Der „Schüler" wird hier nicht mit einem anonymen Kommentar und einem aus dem Zusammenhang gerissenen Informationspaket beladen, sondern er belauscht als interessierter Beobachter eine Aktion. Dabei baut er ein Informationsskelett auf (vgl. Exponat 25), an dem er viele Fragen „aufhängen" kann. Die Aufnahme des Lernstoffs im nachfolgenden Unterricht erfolgt dann „saugend", neugierig, statt wie vielfach sonst „drückend" und mit innerem Widerstand.

Denkblockaden

In dem ersten dieser beiden Filmstreifen steigen wir von einer typischen Schulszene in die Mikrodimensionen des Gehirns und erleben an verschiedenen Trickabläufen die Steuerung der Informationsweitergabe zwischen den Gehirnzellen, wie sie etwa bei Prüfungsangst in uns abläuft.

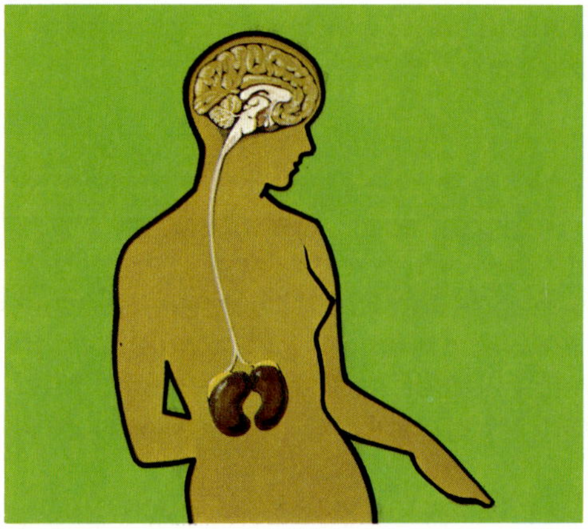

Denkblockaden haben nichts mit einem geistigen Versagen, mangelnder Intelligenz oder schwachem Willen zu tun. Wie dies in Exponat 26 gezeigt wurde, liegt ihnen ein ganz natürlicher biochemischer Mechanismus zugrunde. Ihre Entstehung ist eng mit dem Streßgeschehen verknüpft, bei dem die Nebennierenhormone Adrenalin und Noradrenalin ausgeschüttet werden. Diese Substanzen sind biochemische Gegenspieler bestimmter Überträgerstoffe im Gehirn, die an den „Gehirnschaltern", den Synapsen, die ankommenden Impulse übertragen. Wie im Modell des Exponats „Synapsenspiel" gezeigt, findet genau dort die eigentliche Blockade statt.

Streß, der zu Denkblockaden führt, kann sowohl durch Angst als auch durch Ärger, Unlust oder, wie wir sahen, durch Konfrontation mit einer unverständlichen oder allzu fremden Informationen entstehen. Da jedoch der Streßmechanismus bei den Menschen verschieden stark ausgeprägt ist, ist auch die Häufigkeit und Stärke von Denkblockaden von Mensch zu Mensch verschieden.

Trotz seiner unangenehmen Seiten ist dieser Mechanismus äußerst wichtig, denn in Momenten der Gefahr präpariert er ein Lebewesen auf sofortige Flucht- oder Angriffsreaktion. Hier würde jedes Denken eine Verzögerung bedeuten und daher lebensgefährlich sein. Durch die Denkblockade wird das Gehirn auf Sofortreaktionen geschaltet, die das Lebewesen zu außergewöhnlichen momentanen Kraftleistungen befähigen. Außerdem sorgen die 500 Billionen Synapsen und ihr gezieltes An- und Ausschalten dafür, daß wir ebenso gezielt denken und erinnern können und nicht etwa gleichzeitig sämtliche Erinnerungen unseres Lebens gegenwärtig haben, was einem chaotischen Rauschen gleichkäme.

Stufen des Gedächtnisses

Der zweite Streifen von „Blick ins Gehirn" zeigt uns, daß unser Gedächtnis – so subtil es uns erscheint – keineswegs ein immaterielles geistiges Geschehen ist, sondern in Form handfester Materie vorliegt.

Auch die „Information an sich", so immateriell sie ist, ist doch immer an Energie und Materie gebunden: an elektrische Ströme beim Denkvorgang selbst und an Eiweißmoleküle, wenn sie in Form von Gedächtnis vorliegt. Das Speichern der Information und ihre Verankerung im Gedächtnis durchläuft dabei mehrere Stufen:

Die erste Stufe ist das Momentan- oder Ultrakurzzeitgedächtnis. Es kann mit dem Kreisen elektrischer Impulse verglichen werden und hält etwa 5–20 Sekunden an.

Die zweite Stufe ist das Minuten- oder Kurzzeitgedächtnis. Es entsteht beim rechtzeitigen Abrufen jener Impulse durch die chemische Synthese der Nukleinsäure „RNA" und hält etwa 10–30 Minuten an. Hier wird die Information zum ersten Mal zu Materie. Erst wenn von dieser „RNA" rechtzeitig „Kopien" in Form von Eiweißmolekülen gemacht werden, gelangt mit diesen die Information ins Langzeitgedächtnis.

In einem vierten Schritt, der sogenannten „Konsolidierung", wird schließlich die anfängliche Information unter Vervielfältigung dieser Eiweißstoffe so abgelagert und gefestigt, daß all ihre Querbeziehungen zum Tragen kommen können. Nun läßt sich auch nach Jahrzehnten eine bestimmte Erinnerung – sei sie ein Gefühl, ein Geruch, ein Bild, eine Melodie oder ein ganzes Erlebnis – aus unserem Gedächtnis voll zurückrufen.

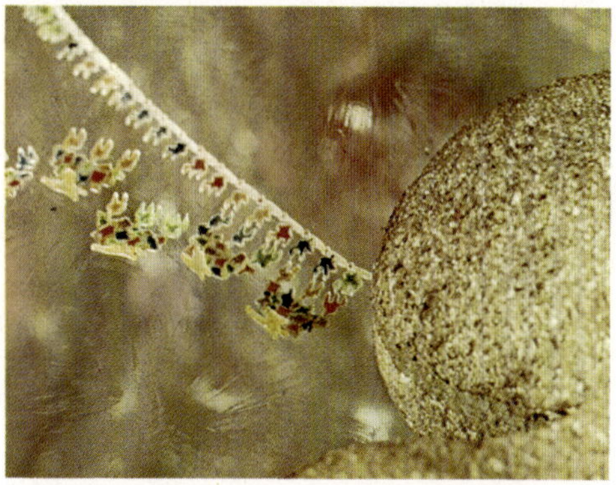

Erster Schritt zum Langzeitgedächtnis: Bildung von Eiweiß„kopien" an der RNA-Matrize (Modell).

So sehr wir uns auch beim Lernen darüber ärgern, daß die ersten beiden Stufen immer erst überwunden werden müssen, ehe etwas ins Langzeitgedächtnis gerät, so wären wir doch ohne die Filterwirkung dieser Stufen verloren und würden längst unter einer Informationsfülle ersticken.

Hoffen wir, daß auch auf unserer Ausstellung die Informationsfülle in richtiger Weise verarbeitet wird. Versuchen wir einfach die vielen Details – wie in dem Lincoln-Bild von Exponat 25 – als sinnvolles Muster aufzunehmen und uns so das Verstehen und Erinnern zu erleichtern. Vielleicht darf man hoffen, daß sogar insgesamt das Erfassen von Zusammenhängen in Zukunft etwas leichter geht – jetzt, wo wir begonnen haben, *unsere Welt als vernetztes System* zu erkennen.

Ausgewählte weiterführende Literatur

K. H. Ahlheim (Hrsg.): „Wie funktioniert das? Die Umwelt des Menschen". Bibliographisches Institut, Mannheim, 1975
D. Dörner: „Problemlösen als Informationsverarbeitung". W. Kohlhammer, Stuttgart, 1976
P. und A. Ehrlich: „Bevölkerungswachstum und Umweltkrise". S. Fischer, Frankfurt, 1972
A. Koestler: „Die Wurzeln des Zufalls". Suhrkamp Taschenbuch, Frankfurt, 1977
G. Mensch: „Das technologische Patt". Fischer Taschenbuch, Frankfurt, 1977
M. Mesarovic und E. Pestel: „Menschheit am Wendepunkt". dva, Stuttgart, 1974
H. T. Odum: „Environment Power and Society". John Wiley & Sons, New York, 1971
A. Rapoport: „Konflikt in der vom Menschen gemachten Umwelt". Darmstädter Blätter, Darmstadt, 1975
J. de Rosnay: „Das Makroskop". dva, Stuttgart, 1977
E. F. Schumacher: „Es geht auch anders". Desch, München, 1974

Einschlägige Werke des Autors

Bücher: „Das Überlebensprogramm". Fischer Taschenbuch. Frankfurt, 1975
„Das kybernetische Zeitalter". S. Fischer. Frankfurt, 1974
„Denken, Lernen, Vergessen". dva, Stuttgart, 1975
„Phänomen Streß". dva, Stuttgart, 1976
„Ballungsgebiete in der Krise". dva, Stuttgart, 1976

Filme: „Phänomen Streß". 6-teilige Filmserie. Klett-Verlag, Stuttgart
I: „Menschendichte und Verkehr"
II: „Ehrgeiz, Angst, Prestige"
III: „Technik, Lärm, Bewegung"
IV: „Familie und Zusammenleben"
V: „Urlaub und Erholung
VI: „Alter und Einsamkeit"

„Blick ins Gehirn", 3-teilige Unterrichts-Filmserie. Klett-Verlag, Stuttgart
I: „Gehirnverdrahtung"
II: „Denkblockaden"
III: „Stufen des Gedächtnisses"

„Denken, Lernen, Vergessen". 3-teilige Filmserie. Polymedia, Hamburg

Die Mitarbeiter der Ausstellung:

Otti Gmür, Architekt SWB, freier Mitarbeiter beim GDI, Meggen/Schweiz
Herbert Kaulbarsch, Grafik und Fotographik, Bargteheide/Holstein
Aiga Rasch, Illustratorin BdG, Stuttgart
Das Team der Studiengruppe für Biologie und Umwelt, München

Berater:

Professor Dr. K. Egger, Heidelberg; Professor Dr. M. L. El-Fouly, Kairo; Dr. H. Haas, Weinheim; Dr. F. Krause, Frankfurt; Professor Dr. Naveh, Haifa; Dr. G. Schaefer, Kiel; Arbeitskreis Mensch und Umwelt an der Volkshochschule München.

Holz-Trägersystem:

Tekvar-System-Tragstruktur, Ebenhausen/Obb.

Konzeption und Gesamtgestaltung:

Priv.-Doz. Dr. F. Vester, München.

Die Ausstellung wurde ermöglicht durch die dankenswerte finanzielle Unterstützung folgender Sponsoren:

Gottlieb Duttweiler-Institut, Zürich/Rüschlikon
Stiftung Mittlere Technologie, Kaiserslautern
IBM Deutschland GmbH, Stuttgart
Robert Bosch GmbH, Stuttgart
Siemens AG, München
Institut für Pädagogik der Naturwissenschaften, Kiel
Ernst Klett Verlag, Stuttgart
Ingenieurbüro für angewandte Bau- und Siedlungsforschung (ifab), Holzminden
KKB Kundenkreditbank – Deutsche Haushaltsbank, Düsseldorf
BMW Bayerische Motorenwerke AG, München
Marketing Management Institut, Frankfurt
UNESCO, Paris
„Bild der Wissenschaft", Stuttgart
Deutsche Verlags-Anstalt GmbH, Stuttgart
Müller's Mühle, Müller GmbH, Gelsenkirchen
Arthur Boskamp, Hohenlockstedt/Holstein
Messer Griesheim GmbH, Frankfurt
Burri AG, Zürich

WHO'S WHO?

Gottlieb Duttweiler-Institut

Das Gottlieb Duttweiler-Institut, 1963 von der Stiftung „Im Grüene" in Zürich/Rüschlikon gegründet, wurde in wenigen Jahren als internationales Aussprache-, Studien- und Schulungszentrum weltweit bekannt. Als Nahtstelle zwischen Wirtschaft und Wissenschaft will es dazu beitragen, die Strukturen und Zwänge unserer Industriegesellschaft zu analysieren, und nach Alternativen suchen, die eine bessere Entwicklung des Menschen in sozialer Verantwortung ermöglichen. Unter der Leitung von Hans A. Pestalozzi hat das Institut bis heute viele renommierte Seminare und richtungsweisende Ausstellungen organisiert und eine bedeutende Schriftenreihe herausgebracht.

Anschrift: Gottlieb Duttweiler-Institut, Park „Im Grüene", CH-8803 Rüschlikon bei Zürich, Telefon 724 0020.

Stiftung Mittlere Technologie

Die gemeinnützige Stiftung Mittlere Technologie wurde 1974 in Kaiserslautern gegründet. Unter dem Vorsitz ihres Initiators, des Theodor Heuss-Preisträgers Werner Kieffer, bemüht sie sich um die Förderung technologischer Alternativen im Hinblick auf geringeren und dezentralisierten Einsatz von Kapital, Rohstoff und Energie. Langfristiges Ziel einer solchen mittleren Technologie soll die Sicherung eines menschenwürdigen Überlebens in unserer begrenzten und gefährdeten Umwelt sein. Somit geht es der Stiftung auch um die Schaffung eines neuen gesellschaftspolitischen Bewußtseins.

Anschrift: Stiftung Mittlere Technologie, Eisenbahnstrasse 28–30, D-6750 Kaiserslautern, Telefon 8 82 10.

World Wildlife Fund (WWF) Schweiz

Die 1961 gegründete Stiftung zum Schutz der natürlichen Umwelt hat heute allein in der Schweiz fast 90.000 Mitglieder. Es sind Menschen, denen es nicht egal ist, wie die Welt morgen aussehen wird, die es nicht kalt läßt, daß immer mehr Natur und damit auch ein Stück von uns für immer von diesem Planeten verschwindet. Die Mitglieder des WWF werden durch die PANDA-Nachrichten und das reich illustrierte PANDA-Magazin laufend über aktuelle Umweltprobleme orientiert.

Anschrift: WWF Schweiz, Förrlibruckstrasse 66, CH-8037 Zürich, Telefon 44 20 44.

Studiengruppe für Biologie und Umwelt GmbH, München

Das unabhängige Institut wurde 1970 von Privatdozent Dr. Frederic Vester gegründet, der sich inzwischen durch richtungweisende Umweltstudien sowie als Autor von wissenschaftlichen Fernsehreihen und Sachbuch-Bestsellern international einen Namen machte. Die Arbeiten der Studiengruppe sind interdisziplinär und problemorientiert. Behandelte Gebiete: Lernbiologie, Biokybernetik, Krebsforschung, Umweltschutz, Städte- und Landesplanung, jeweils mit dem Schwerpunkt der Erforschung von Systemzusammenhängen. Förderung des problembewußten Denkens durch verständliche Darstellung wissenschaftlicher Erkenntnisse in den verschiedensten Medien. Beratung privater und öffentlicher Institutionen.

Anschrift: Studiengruppe für Biologie und Umwelt GmbH, Nussbaumstrasse 14, D-8000 München 2, Tel. 53 50 10.

Bildquellenverzeichnis

Associated Press, Frankfurt: 97
R. Ayoub, München: 152 (r.)
Bild der Wissenschaft, Stuttgart: 32 (d)
Werkfoto BMW, München: 32 (h), 33 (l.d), 110 (r.u.), 121
Boehringer-Mannheim,Tutzing: 41 (u.l.)
F.W. Dahmen, Siegburg: 137 (u.)
dtv, München: 173 (l.), 173 (r.)
H. Erni, Luzern: 167
G. Gerster, Zumikon-Zürich: 34
L. D. Harmon, Cleveland: 166
H. Hess, München: 58 (r.m.)
ifab, Holzminden: 155 (o.)
W. Jerney, München: 32 (c), 33 (l.e), 48 (o.)
N. Jorek, Greven-Gimbte: 48 (u.r.)
M. Kage, Inst. f. Wiss. Fotografie, Weißenstein: 24 (u.r.), 28, 29, 32 (g), 40 (r.o.), 162, 163
E. Klett-Verlag, Stuttgart: 24 (u.m.), 46 (o.l.)
H. Kordländer, Freising: 32 (e), 33 (r.u.), 49
J. Kunz, Kleinbachern: 12, Umschlagrückseite (r.o.)
E. R. Lewis, Berkley: 174 (u.)
Werkfoto Lurgi, Frankfurt: 24 (u.l.)
H. Moos Verlag, München: 47
NASA-Foto: Titelbild, 147 (r.)
Peabody Museum, New Haven, Conn.: 146 (l)
F. Prenzel, Gröbenzell: 69
Regierung von Niederbayern, Abt. 800, Landshut: 89 (r.)
F. Sauer, Karlsfeld: 32 (b), 160 (u.)
H. Schrempp, Breisach: 137 (o.)
R. Siegel, Breckerfeld: 33 (l.a), 33 (l.f), 48 (u.l.)
Solar Observatory, Big Bear City, Calif.: 32 (a)
Stern, Hamburg: 95 (l.)

Alle übrigen Abbildungen: Studiengruppe für Biologie und Umwelt, München

Luftaufnahme eines Eingeborenendorfes in Mali. Kleine Systeme in größeren. Zu übergeordneten Strukturen vernetzt. Menschen mit Menschen gestalten ihr Gemeinwesen. Menschen mit Bäumen und Tieren und Holz, mit dem Lehm und den Steinen des Bodens gestalten ihre Umwelt durch die Umwelt – zu Räumen, Küchen, Höfen und Ställen. Nicht nur vernetzt mit ihrem eigenen Lebensraum, auch mit Strukturen woanders, mit dem Klima, den Wolken, der Wirtschaft, der Politik weit draußen – nicht zuletzt auch mit uns und wir mit ihnen.